건강 100세를 위한

효소음식

시간과 세월, 기다림의 미학이 만들어 낸 맛

윤숙자 · 김선임 지음

머리말

시간과 세월, 기다림의 미학이 만들어 낸 맛, 그리고 건강에 대하여!

2,000년대 가장 관심 있는 키워드는 '건강'이다. 이 트랜드는 음식에도 반영되어 사람들은 먹거리, 유기농식품에 관심을 둔다. 원래 우리나라는 발효음식이 발달하여 간장, 된장, 고추장을 직접 담가먹고 김치와 장아찌류를 함께 먹으며 살아온 민족이다. 최근 발효음식과 더불어 각종 재료를 발효시켜 발효액으로 만들고 음식에 활용하는 효소음식의 관심이 늘고 있다. 이 책은 효소의 부족으로 건강의 적신호인 우리의 식생활에 효과적으로 효소 섭취를 돕기 위해 만들어졌다.

그동안 많은 책을 만들어왔지만, 이번 책을 만드는 과정이 제일 힘들었다. 많은 사람들이 효소음식에 대한 관심은 많은데 아직 효소음식에 대한 이론도 확실히 정립되어 있지 않고, 참고 문헌도 많지가 않았다. 그래서 그간 연구소에서 수업으로 가르쳤던 자료들과 김선임 교수가 가지고 있던 자료들을 모았다. 효소액과 효소음식을 여러 번 실험조리를 하고 또 하고 다시 고치는 사이 봄, 여름, 가을, 겨울이 지났다. 완성사진과 과정사진을 찍고 마음에 들지 않아서 재차 찍기를 수없이 반복하고, 이러한 어려운 과정 끝에 드디어 한 권의 책이 나오게 되었다.

이 책의 1부에서는 이론부분으로 효소에 대한 기초를 다루었고, 2부에서는 사계절에 나오는 산야초의 뿌리와 줄기, 잎과 열매를 가지고 발효시킨 효소액을 만들었으며, 3부에서는 그 효소액을 가지고 효소음식을 만드는 방법을 자세히 설명하였다.

음식에 들어간 재료들 간의 궁합도 중요시 하였다. 재료와 재료가 서로 어울려 정말 좋은 맛이 나오도록 하였으며, 소화성을 고려하여 주재료와 들어가는 효소액 선정에도 각별히 신경을 썼다. 예를 들면, 육류나 생선류, 건어물류의 잡내와 비린내 제거를 위해 생강효소액과 양파효소액을 첨가하였다. 특히, 육류의 소화성을 돕기 위해 육류에 배효소를 사용하는 조리법을 소개하였다. 돼지고기 요리에는 양파효소액과 사과효소액을 함께 넣어 돼지고기 냄새도 없애고 사과의 상쾌한 맛을 살렸다. 해물요리에는 독성제거와 특별한 맛을 위해 미나리효소액을 넣었다. 김치류에는 마늘효소액과 생강효소액, 무효소액을 사용하여 맛과 풍미를 높였다.

산야초 장아찌류에는 산야초효소액을 넣었고, 대추장아찌에는 사과효소액을 넣어 약간의 사과향을 나게 하였다. 후식인 떡과 한과류에도 주재료와 같은 재료로 효소액을 만들어 첨가하여 주재료의 독특한 맛과 향을 살리고자 노력하였다.

또 효소의 색과 향을 고려하여 주재료의 향이 진하면 효소액은 향이 은은한 것을 첨가하였고, 주재료와 효소액의 색이 어우러지도록 하여 겉절이에는 고추효소액을, 백김치에는 무효소액을, 연근편육에는 연근효소액을 넣어 색과 식감을 살리려 노력하였다. 그리고 몸을 건강하게 할 수 있는 효소들을 배합하여 독소를 제거하고 기운을 높여주며 피를 맑게 하고, 소화가 잘 되지 않을 때 함께 먹으면 좋은 효소들을 넣어서 조리하였다.

이와 같이 효소음식의 맛과 향, 영양 등을 주재료와 부재료의 조화를 고려하여 우리 몸에 좋은 효소음식을 만들었다. 부디 이 책이 가족의 건강을 지키는 주부들과 음식을 연구하는 많은 분들에게 도움이 되길 바라는 마음 간절하다.

끝으로, 이 책이 나올 수 있도록 함께 수고해주신 (사)한국전통음식연구소 이명숙 원장님께 감사드리고, 책을 함께 만든 김선임 교수와 연구원 여러분들, 사진을 맡아주신 백경호 팀장, 그리고 이 책의 출판을 맡아주신 백산출판사의 진욱상 사장님께 감사의 인사를 드린다.

2013년 4월에

저자 드림

차 례

5) 편육, 쌈

6) 김치

7) 장아찌

4. 떡, 한과

5. 차, 음료

이 책을 읽기 전에

1. 이 책은 효소 이론과 실제, 그리고 효소를 이용한 음식을 실었다.
2. 발효 효소액을 음료로 사용할 경우 목적과 효능에 따라 음용할 수 있다.
3. 발효 효소액을 조리시 설탕이나 물엿의 대체당으로 활용하는 것을 권장하였다.
4. 발효 효소액은 열에 약하므로 되도록 조리할 때 마지막으로 넣는 것이 좋다.
   (단, 졸임으로 사용할 경우는 제외)
5. 조리용 발효액은 충분히 숙성되어 재료의 독특한 향이나 독성이 분해된 후 사용하는 것을 원칙으로 한다.
6. 음료용 발효액은 발효 직후 효소 활성도가 높을 때 음용하는 것이 좋다.
7. 효소 만들기의 설탕 종류는 사용자의 목적에 따라 선택한다.
8. 효소 거르기는 사용자의 목적에 따라 달리 할 수 있다.

酵素

1부

효소 이야기

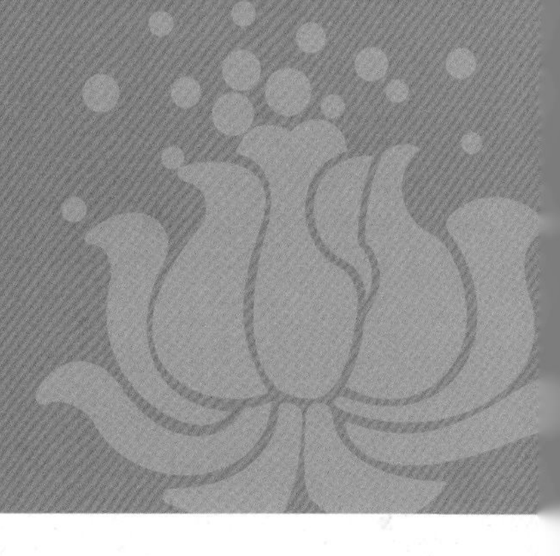

01 효소개론

오늘날 과학과 현대의학은 빠르게 발전해왔다. 인간의 수명 역시 생명공학과 유전공학의 발달로 평균 수명은 점차 높아가고 있다. 현재 한국인의 평균 수명은 79세이며 세계 28위에 해당된다. 장수의 삶을 기대하며 100세 삶을 살아가려는 현대인들의 기대와 노력이 생명을 연장시키는 현실이 되고 있다. 그러나 바쁘다는 이유와 편리함을 추구하려는 현대인의 생활습관은 보다 손쉬운 방법을 선택하며 현대의학이나 화학적 약물에만 의존하려는 경향이 있다. 그것은 장수의 삶을 기대하기가 어렵고 종종 많은 부작용을 낳기도 한다.

약물이나 의학의 힘을 빌리지 않고도 장수의 삶을 기대하며 건강한 삶을 살아갈 수 있다면 그것은 바로 우리가 음식으로 섭취하는 "효소"에 있다. 우리의 생체 안에는 두 종류의 효소가 있는데, 그것은 외부효소인 대사효소와 내부효소인 소화효소이다. 우리가 매일 섭취하는 음식물은 소화효소의 작용으로 인해 영양소가 몸 속 구석구석으로 흡수되며 대사효소의 작용으로 세포와 장기가 건강하게 유지되고 있는 것이다. 그러나 식품첨가물이 들어있는 가공식품의 섭취와 정크푸드(Junk food)의 섭취, 과식, 고지방의 섭취는 신체 내의 음식물을 분해하는데 필요한 효소를 많이 소모하기 때문에 효소의 부족으로 인해 많은 신체의 질병을 가져올 수 있다.

그러나 체내의 효소 소모를 줄이고 부족한 효소를 체외에서 효소음식으로 섭취한다면 건강한 삶을 살 수 있을 것이다.

1) 효소의 정의

효소는 단백질의 일종으로 살아있는 동물과 식물, 미생물 등 모든 생물에 광범위하게 존재하며 생명유지를 위한 필수적이고 핵심적인 존재이다. 우리의 몸 안에는 수천 가지의 효소가 존재하며 생체의 화학적 반응속도를 증대시키는 촉매로서의 역할을 한다. 효소는 우리가 섭취한 음식을 분해하고 소화시키며 이로 얻은 영양소를 간이나 근육에 저장하며 뼈, 피부, 세포 등을 생성시킨다. 또 혈액과 인체조직 내의 콜레스테롤과 지방 축적물을 분해하거나 없애고 해독작용 및 면역력 증강에 중요한 역할을 한다. 비타민, 미네랄도 효소의 도움 없이는 아무런 역할을 할 수 없으며, 효소가 체내에서 활성이 멈춘다면 생명의 활동 또한 멈추게 된다. 또 신체는 건강한 상태를 위해 항상성(homeostatis)을 유지하고자 하는데, 효소는 그 역할에 중요한 부분을 작용하고 있다.

사람의 몸에 존재하는 효소는 일생에 일정량 밖에 없다. 나이가 점점 많아지면 체내에서 생성되는 효소의 양 또한 감소하고 활성도 점차 낮아진다. 예를 들어, 80대 노인은 20대에 비해 탄수화물을 분해하는 소화효소(amylase)가 최소 2배에서 최대 30배까지 부족하며, 대사효소도 약 30배 정도로 낮아진다. 이로써 체내의 소화능력은 현격히 떨어지게 되는 것이다. 또한 몸의 효소량이 낮아지면 신체의 대사능력이 낮아지고 에너지 또한 낮아지게 된다. 사람의 체내 효소는 기름진 음식이나 고단백식품, 과로, 스트레스 등의 생활이 많을수록 그만큼 수명은 짧아진다. 그러므로 효소를 많이 섭취하려면 가공식품보다는 익히지 않은 채소나 과일, 발효식품 등을 많이 먹는 것이 좋다. 특히 발효음식은 음식물을 잘 분해하여 음식을 삭히고 생식으로 섭취했을 때에는 소화를 돕는 작용을 한다. 대표적인 발효음식인 술, 식초, 간장, 된장, 고추장, 김치, 젓갈 그리고 엿기름으로 만든 식혜와 엿은 효소의 작용으로 만들어진다.

이렇듯 효소는 소화뿐 아니라 신진대사를 촉진하여 에너지를 내거나 유해물질로부터 우리 몸을 보호할 때 쓰인다. 효소는 인체의 모든 화학작용에 없어서는 안 될 중요한 물질인 것이다.

2) 효소의 기원

효소는 약 200년 전에 처음 발견되었다. 1785년에 이탈리아의 라짜로 스팔라차니(Lazzaro Spallanzani)는 속이 빈 조그만 금속통에 고기를 넣고 매에게 삼키도록 하였다. 얼마간의 시간이 지난 후 이 금속통을 꺼냈더니 그 안의 고기가 녹아있었다. 이후 몇 년에 걸친 관찰과 연구결과 위 속에는 고기를 녹이는 작용을 하는 물질이 있는 것을 발견하게 되었으며 이를 펩신(pepsin)이라고 하였다. 최초로 발견된 단백질 분해효소가 바로 펩신이다.

그로부터 50년이 지나 1833년 프랑스의 파엔(Payen, 1795~1871)과 펠소즈(Persoz, 1805~1868)는 보리의 맥아(malt)에서 추출한 액체를 녹말에 작용시켰더니 녹말이 분해되는 것을 발견하고 이 물질을 디아스타아제(diastase)라고 이름을 붙였다. 그 후 효소라는 이름이 붙은 것은 1871년 독일의 퀴네(Kühne)가 엔자임(enzyme, 그리스어로 "효모 속(in yeast)에 있는 것"이라는 뜻)이라는 단어를 사용하게 되었다.

1835년 스웨덴 화학자인 베르셀리우스(Jons Jakob Berzelius, 1779~1848)는 생명물질에 촉매의 존재가 있다는 것을 처음 발견하여, 감자 속 전분에 분해를 촉매하는 물질이 있음을 밝혀내고 촉매라는 말을 처음 사용하였다. 프랑스의 파스퇴르(Louis Pasteur, 1822~1895)는 "공기가 없는 상태에서 당을 분해하고 탄산가스와 알코올이 되는 과정에서 살아있는 세포가 관여하고 있다"고 보고, 1861년에 발효가 살아있는 효모에 의해 발생한다는 것을 증명하였다. 1897년에는 뷔그너(Büchner)가 살아있는 효모 대신 파괴된 효모의 추출물을 여과하여 발효에 직접 관여하는 물질을 확인하기에 이르렀다. 1900년 초에는 스웨덴의 생화학자 스베드베리(Svedberg)가 단일 단백질이 효소로도 기능함을 발표하여 효소의 연구가 급속히 발전하였다. 1926년 미국 코넬대학의 서머(Summer) 박사는 우레아제(urease)를 분리하고 정제하여 결정화하였다. 이 기술은 나중에 효소의 구조와 모양을 알아내는 방법으로 가장 널리 사용되었고, 몇 년 후 록펠러연구소의 노스럽(John H. Northrop)은 소화효소들을 결정화했는데, 많은 논쟁 끝에 이 결정이 단백질이라는 것이 밝혀졌다. 두 사람은 1946년에 노벨화학상을 공동으로 수상하게 되었다.

3) 효소의 종류

효소의 종류를 기능적으로 분류하면 식품효소, 대사효소, 소화효소 등으로 나눌 수 있다.

(1) 식품효소(food enzyme)

식품효소는 우리가 섭취하는 음식에 포함되어 있으며, 생채소나 과일, 열을 가하지 않은 음식에 많이 있다. 특히 발효식품에 많으며 식사를 통해 섭취가 가능하다. 단백질, 지방, 탄수화물 등 음식물을 분해하는 효소로는 약 20가지가 있다.

(2) 대사효소(metabolism enzyme)

대사효소는 소화를 제외한 모든 생명활동 및 면역기능을 지배하는 효소들을 말한다. 대사효소는 우리 몸의 항상성(체온·혈압)을 유지한다. 여러 가지 조직을 만들며 산화환원 반응을 통해 화합물을 전이시키는 중요한 촉매작용을 한다. 대사효소는 외부에서 보충을 할 수 없다는 뜻이며 오직 신체 내부에서만 생산된다.

(3) 소화효소(digestive)

소화효소는 섭취한 음식물을 소화하는 효소이다. 식품의 종류에 따라 단백질 가수분해 효소(protease), 탄수화물 가수분해 효소(amylase), 지방 가수분해 효소(lipase) 등이 있다. 소화효소는 외부에서 우리의 입 속과 위 속, 장 속으로 보급된다. 효소는 우리가 섭취하는 다양한 음식을 영양소로 분해하고 흡수하는 것을 돕는다. 각종대사의 작용 속도를 정상적으로 만들어주는 역할을 하며, 사람이 나이가 들면 소화속도가 늦어지는 것은 효소가 부족하기 때문이다.

02 효소의 작용

1) 효소의 작용

효소는 음식물을 소화시키는 기능에서 대사반응에 이르기까지 우리 인체의 모든 활동에 관여한다. 소화효소는 음식을 분해하여 잘게 부순 후 그 영양분이 장의 외벽을 통하여 혈액으로 공급되게 한다. 혈액 내에 존재하는 효소는 이 소화된 영양분을 이용하여 근육, 신경, 혈액과 내분비계를 조절한다. 그 외 인체의 면역체계에 존재하는 많은 효소들은 혈액과 조직 내에 존재하는 노폐물질 및 독성물질을 정화하는 기능을 가지고 있다.

인체 내의 효소에는 인체에서 만들어지는 잠재효소와 식품으로서 체외에서 공급받을 수 있는 외부효소가 있다. 잠재효소는 다시 소화효소와 대사효소로, 외부효소는 식품효소로 나눌 수 있다. 구체적으로 보면, 첫째, 소화효소는 음식물을 소화하는 효소이며, 둘째, 대사효소는 인체를 만들고, 병을 치유하고, 걷고, 생각하는 모든 생명활동을 하는 효소이다. 즉 대사효소는 체온이나 혈압 등 항상성을 유지·조절하고 면역력이나 자연치유력을 정상으로 유지한다. 그리고 세포의 재생이나 치유, 신경이나 호르몬계의 밸런스를 조절하고 체외로부터 들어오거나 체내에서 생긴 독소를 해독하는 등 모든 생명활동을 한다. 셋째로, 식품효소는 살아있는 식물이나 동물 등에 함유되어 있는 효소로 우리는 끊임없이 이 외부효소를 공급받아야 한다.

소화효소와 대사효소는 잠재효소에서 만들어지는 것이므로 한쪽으로 치우쳐 효소를 많이 사용하면 다른 한쪽에 작용할 효소가 부족하게 된다. 그 결과 효소가 결핍되거나 소모가 많아지면 생활습관병을 비롯한 여러 가지 질병을 유발하는 원인이 된다.

건강한 삶을 유지하기 위해서는 건강할 때에 체내효소를 감소시키지 않는 생활습관이나 효소를 많이 섭취하는 식사법으로 건강을 지켜야 한다. 결국 효소를 얼마나 절약하고 가장 필요할 때 효율적으로 사용하느냐가 건강과 장수를 누리는 비결이다. 그리고 부족한 잠재효소는 식품에 들어있는 외부효소를 충분히 보충할 때 건강을 더 오래 지속할 수 있다. 외부효소는 열처리를 하지 않은 생식과 야채, 과일, 발효식품인 된장, 간장, 고추장, 김치, 젓갈, 식초 등에 존재하며, 여러 가지 재료로 만든 효소음료를 충분히 섭취하여 효소가 풍부한 식생활의 생활습관이 중요하다. 또한 생식이 일반식에 비해 에너지 효율이 5~6배 정도 높으며 효소가 더 풍부하다.

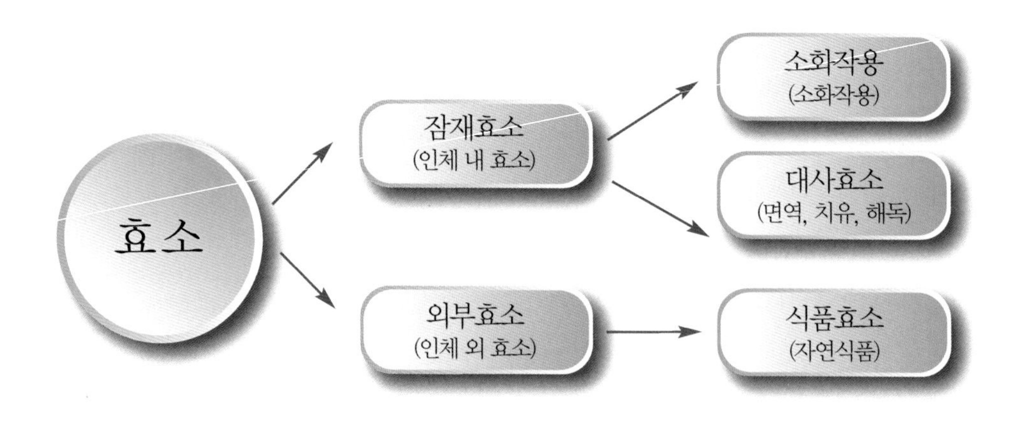

그렇다면 효소는 과연 어떤 역할을 할까? 가장 대표적인 효소는 소화효소로서 아밀라제(amylase), 프로타제(protease), 리파제(lipase)가 각각 탄수화물, 단백질, 지방 소화에 관여한다.

우리 몸에는 여러 종류의 효소가 있는데, 모두가 각각의 역할들을 다양하게 담당하며 과산화물을 제거해주는 강력한 항산화제가 될 뿐만 아니라 다양한 활동으로 인해 우리 몸의 노폐물을 제거해주는 등 대장의 건강에도 밀접한 관련이 있다. 쉽게 말해서 우리 몸은 대사과정을 통해 끊임 없는 화학활동이 이루어지고 그를 통해 생명현상을 유지시키는 유기체이다. 자동차가 달리면 기름찌꺼기가 생겨나듯 음식을 섭취하고 영양성분을 만들면 필연적으로 찌꺼기가 남게 된다. 즉 대사과정에서 인체에 해독을 끼치는 인자가 생겨나고 어쩔 수 없이 체내에 노폐물이 쌓이게 되는 것이다. 이런 독소나 노폐물은 마치 기계에 녹이 슨 것과 같이 생명현상을 저해하고 노화를 촉진하는 동시에 모든 만성질환의 원인이 된다. 이때 효소는 몸 안의 찌꺼기를 해결할 수 있는 유일한 자연적인 영양소로, 안으로 들어온 음식물들이 그대로 쌓이지 않도록 도와준다. 몸을 집으로 비유한다면 효소는 단백질이나 지방 등의 재료로 집을 짓는 목수이며 남은 폐기물들을 정리하는 훌륭한 청소부인 것이다.

2) 효소의 5대 생리작용

(1) 소화, 흡수작용

음식물을 먹으면 입 안의 침에서 프티알린효소가 전분을 맥아당으로 분해시키고, 위장의 펩신효소는 단백질을 분해시키며, 소장의 트립신과 리파아제효소는 지방과 단백질을 분해한다. 이처럼 효소는 사람이 음식을 먹을 때 침, 위장, 소장 등에서 각종 영양소를 분해하여 세포의 영양분이나 몸 속 장기에 에너지로 흡수되도록 한다. 여러 가지 효소의 작용으로 인체에 필요한 영양소를 소화·흡수하며 생명유지와 함께 인체를 치유하기도 한다.

(2) 분해·배출작용

효소는 우리 몸 속 곳곳의 세포에 쌓인 오염물질 및 각종 노폐물과 독소를 분해하여 장과 신장, 폐, 피부 등의 땀이나 소변을 통해 배출시킨다. 단식을 하면 효소의 작용에 의해 노폐물을 분해하고 배출하는 기능이 강화된다.

(3) 항염·항균작용

효소는 세포를 활성화시켜 세균이 침입하여 염증이 생기면 효소의 분해작용과 효소 자체의 항균작용으로 병원균을 죽이고 잔해물질을 청소하여 세균이 살지 못하도록 만든다. 그리고 세포를 활성화시켜 염증을 제거하는 한편, 백혈구의 식균작용을 강화시켜 세균을 퇴치하여 병균에 대한 저항력을 강화시키고 세포를 재생시켜 준다.

(4) 혈액의 정화작용

효소는 콜레스테롤과 혈관에 쌓인 노폐물을 분해하며 모세혈관을 막고 있는 굳은 지방까지 분해하여 밖으로 배출시킨다. 또한 산성의 혈액을 건강한 알칼리성 혈액으로 개선시켜 혈액순환을 원활하게 도와준다. 더불어 장내 세균의 균형을 유지시켜 장내 환경을 좋게 한다.

(5) 세포 부활작용

효소는 세포의 대사기능을 활성화시켜 준다. 오래되고 늙은 세포를 새로운 세포로 교체시키는 작용을 하여 모든 세포를 촉매작용으로 건강하게 만들어 준다.

03 효소생성에 필요한 요소

1) 효소와 온도

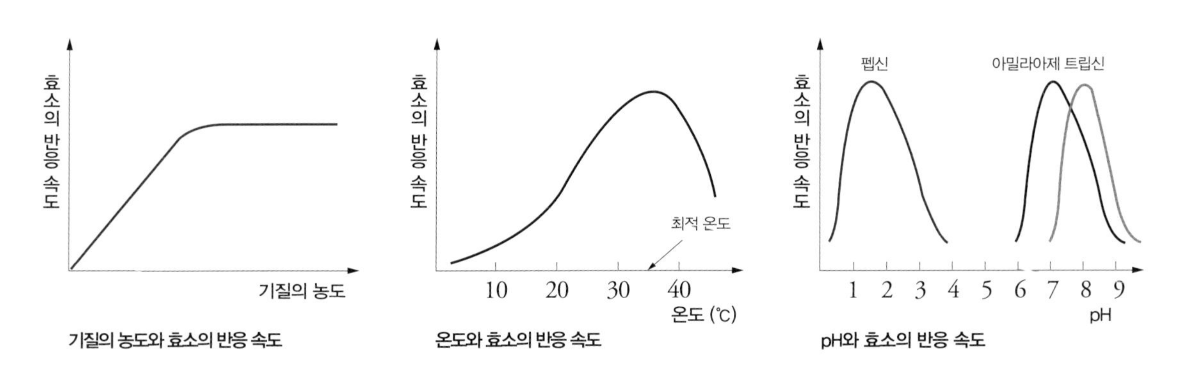

기질의 농도와 효소의 반응 속도 / 온도와 효소의 반응 속도 / pH와 효소의 반응 속도

효소는 온도에 민감하게 반응한다. 이는 효소가 아미노산으로 구성된 단백질이므로 단백질의 구조(아미노산의 배열과 입체구조)가 열에 의해 파괴되기 때문이다. 일반적인 화학변화의 속도는 온도가 높으면 높을수록 비례하여 빨라지나, 효소는 반응속도의 상승 범위가 상상 이상으로 협소하다. 10~20℃ 정도에는 속도가 거의 눈에 보이지 않을 정도로 완만하다가 20℃가 넘으면서 점점 빨라지고, 30℃가 넘으면 급격하게 빨라진다. 그리고 50℃가 넘으면 열에 의해 활동력(활성

력)을 잃기 시작하고, 온도가 더 증가하면 반대로 활성을 잃는 속도도 증가하여 점차 변성을 일으켜 완전히 활성을 잃어버리게 된다.

다시 정리하면, 일반적으로 효율이 높은 촉매작용은 35~40℃ 사이에서 나타낸다. 온도가 30℃가 되면 효소의 활성이 빨라지기 시작하여 체온과 비슷한 37℃가 되면 폭발적으로 활성화하여 인체에 작용한다. 효모에 함유된 효소 또한 효모로부터 나와 활동한다. 그러나 그 이상으로 온도가 올라가면 활성이 떨어지기 시작하고, 60℃를 넘으면 대부분의 효소가 파괴되어 버린다. 보통 효모는 60℃에서 30분간 가열하면 완전히 사멸한다. 기질의 속도가 증가하면 효소와 기질이 접할 수 있는 기회가 많아지므로 반응속도가 증가하지만, 기질의 농도가 더욱 증가하면 반응속도는 더 이상 증가하지 않는다. 무기촉매에 의해 촉진되는 반응은 온도가 올라갈수록 반응속도가 빨라지지만 효소는 적절한 온도범위에서만 활성을 나타낸다. 활성이 최고에 이르는 최적온도가 35~45℃이며, 65℃ 이상의 고온에서는 효소의 기능을 완전히 잃어버린다. 이는 효소의 성분이 단백질이기 때문에 고온에서는 변성과 응고로 불활성화되기 때문이다.

우리가 음식을 고온으로 요리하게 되면 이 효소들이 파괴되어 효소의 기능을 할 수 없게 된다. 물리적인 단백질 분자는 존재할지라도 효소는 생명력을 잃게 된다. 인간이 전염병 등에 걸려 45℃ 이상의 고열이 되면 죽게 되는 것도 열에 의해 전신에 분포해 있는 효소가 파괴되어 활동을 잃어버리기 때문이다. 이처럼 효소는 열에 약하므로 식품을 고온에서 가열하는 것보다는 생과일과 채소 등 열을 가하지 않고 섭취하는 것이 바람직하며 되도록 믹서의 사용도 제한하는 것이 좋다.

2) pH의 영향

효소는 온도와 마찬가지로 pH에도 많은 영향을 받는다. 강산이나 강알칼리의 작용을 받으면 활성(촉매작용)이 저하하고 경우에 따라서는 활성을 잃어버리게 된다.

효소가 자유롭게 활동할 수 있는 pH의 범위는 대부분은 중성부근 "최적 pH"이며 "최적 pH"는 건강한 사람의 pH에 가깝다.

일반적으로 인간과 동물, 효모, 식물 등에 함유되어 있는 효소의 pH는 7~8.5가 많다. 효소는 높은 알칼리나 강한 산성에서는 활성력을 잃고 효소를 구성하고 있는 단백질의 구조가 파괴되어 버리며, pH를 중성으로 되돌려도 촉매작용은 회복되지 않는다. 체액이 산성이 되면 인체가 저항력을 잃고 질병에 걸리기 쉬운 것도 바로 이 때문이다. 효소를 효과적으로 사용하려면 체액의 pH를 중성으로 하여 효소를 활동하기 쉬운 상태로 만드는 것이 중요하다.

효소는 적절한 pH 범위에서 활성이 크게 나타나며, pH에 따라 단백질을 구성하는 이온상태가 변화되므로 최적의 pH는 효소마다 다르게 나타난다.

3) 효소의 생명

효소 반응속도를 저하시키는 물질을 저해제라 한다. 효소의 활성을 영구히 회복시킬 수 없는 독성을 가진 것도 있고, 저해물질을 제거하면 원래의 효소로 돌아와 활동에 지장을 주지 않는 약한 것도 있다.

약이나 신경성 독가스, 살충제, 농약, 중금속 등과 같이 효소의 작용을 방해하거나 효소의 구조를 바꿔 효소를 파괴하는 저해제가 있는데, 효소재료에 부착·함유되어 있는 약물류(잔류농약 포함)도 체크할 필요가 있다. 또한 믹서에 갈면 칼날의 마찰열에 의해 효소와 조효소인 비타민이 파괴된다. 예를 들어, 사과를 2분간 믹서에 갈면 비타민C의 90%가 파괴되고, 양배추와 밀감은 84%가 파괴되며 여러 가지 영양소들도 함께 파괴된다. 그리고 물과 혼합하여 오래도록 두면 뿔뿔이 흩어져 활성력을 잃거나 약해진다.

인체의 세포 내를 통과할 경우 세포 내에서 결합하여 효소 활동을 하지만, 오랫동안 물에 희석시켜 두면 활성력을 잃게 된다. 결국 효소음료의 원액에 물을 일정한도 이상 넣으면 효소의 농도가 묽어지고 활성력을 잃게 된다. 또한 너무 높은 온도의 물에 희석해도 열에 약한 효소의 생명 활성력이 약해지거나 잃게 되므로 효소의 활성도가 높은 효소를 섭취하려면 낮은 온도의 물을 희석해야 하며 물에 희석된 효소는 오래 두지 않는 것이 좋다.

4) 효소와 광선

효소는 광선에 약하다. 특히 자외선에 약하며 자외선이 효소의 촉매를 저해하고 오랫동안 자외선을 계속해서 쪼이면 촉매기능이 약해지다가 활성력을 잃어버리게 된다. 그러므로 태양의 자외선·적외선을 장시간 쬐면 효소의 구조에 이상이 생기고 심한 경우는 파괴된다. 따라서 식품효소를 태양광선이 직접 쪼이는 곳에 놓아두어서는 안 된다. 식품효소는 직사광선을 피하고 통풍이 잘되며 그늘진 곳에 보관하는 것이 좋다.

5) 발효·숙성기간

재료를 담은 용기는 직사광선을 피하고 통풍이 잘되는 청결한 곳에 두면 하루 이틀 지나면서 설탕의 삼투압 작용에 의해 재료의 수분과 영양분이 빠져나오면서 발효가 시작된다.

용기 속의 재료는 설탕이 다 녹을 때까지 여름에는 하루 한 번 정도, 겨울에는 2~3일에 한 번 정도 뒤집어 준다. 뒤집어 주는 이유는 호기성 미생물과 혐기성 미생물의 밸런스를 유지하기 위해서 산소를 원활하게 공급하는 것이다. 효모균은 산소가 없으면 발효 시 알코올을 많이 만든다. 그러나 효소음료는 가능한 알코올은 적게 만들고 효소를 많이 만들어야 하므로 덮개를 밀봉하지 않고 한지로 덮어 공기구멍을 만들어 두어야 한다. 그러므로 재료의 윗면이 항상 공기에 노출되어 있으면 쉽게 산패하는 원인이 되므로 자주 뒤집어 주는 것이 좋다. 뒤집어 주는 것을 잊어버려 윗면에 곰팡이가 끼면 곰팡이 낀 재료를 걷어낸 후 다시 뒤집어 주면 된다.

발효가 다 되었는지 판단하는 기준은 색깔과 향이다. 재료의 성분과 수액이 다 빠져나오고 색이 변하며 비린 풋내나 군내가 나지 않고 탄산가스가 올라오지 않으며 달콤한 향기가 나면 발효가 끝난 상태이다. 1차 발효의 시기는 재료마다 다르며 보통 3~6개월 정도 걸리고, 재료에 따라 더 많은 시간이 걸리는 것도 있다.

1차 발효가 끝나면 즙액을 걸러 항아리의 2/3 정도만 넣어 한지로 덮어 질적 변화를 일으키지 않도록 효소의 활성을 높이는 온도가 차고 어두운 곳이나 냉장고 같이 가능한 활성을 높이지 않는 장소에 보관하는 것이 좋고, 고온의 뜨거운 장소나 햇볕이 잘드는 장소 등은 피하는 것이 바람직하다. 시간이 지난 후 적당하게 발효되어 잘 익은 효소는 향긋하고 감칠맛 나며 마시기 좋은 효소음료가 된다.

발효를 위한 온도는 22~24℃ 정도가 적당하며, 온도가 너무 낮으면 발효가 더디고 풋내가 나며 맛도 떨어진다. 발효일은 계절에 따라 다르며 같은 온도라도 재질이 딱딱한지, 수분 함량이 많은지에 따라 다소 차이가 나며 재질이 연하고 수분 함량이 많은 재료일수록 발효가 빠르다. 또한 재료에 물기가 많은 상태로 발효가 진행되면 급발효가 일어나거나 부패할 수 있으므로 더 많은 양의 설탕을 넣어 미생물이 활성화 될 수 있도록 해야 한다.

04 효소와 건강

생명의 근원이라 불리는 효소는 몸 속의 숨은 일꾼으로서 생명과 관련한 모든 활동에 작용한다. 하지만 그 양이 한정되어 있어 어떻게 쓰느냐에 따라 우리 건강을 지킬 수도 있고 잃을 수도 있어 매우 중요하다. 우리 몸에 부족한 효소는 음식으로도 충분히 섭취가 가능하다. 효소는 먹는 것과 밀접한 관계가 있어 음식물을 섭취하고 소화하여 에너지원으로 바꾸는 데 크게 작용한다.

먼저, 효소는 그 음식물이 어떤 것이냐에 따라 소비하는 효소의 양이 달라진다. 따라서 체내 효소량을 최대한 효과적으로 유지하기 위해서는 신진대사의 속도를 재촉하지 않기 위해 노력해야 한다.

즉 음식 섭취에 신경을 써서 효소가 많은 음식을 섭취하는 것이 효과적이다. 효소학의 아버지라 불리는 애드워드 하우엘 박사(Dr. Edward Howell)는 "사람의 수명은 유기물 속에 있는 잠재효소의 소모량에 반비례한다. 우리 몸에서 나오는 효소가 고갈될 때 우리의 생명도 줄어든다. 식물효소의 이용이 증가한다면 잠재효소의 감소를 막을 수 있다"라고 말했다. 이는 효소량이 풍부한 식품을 인체에서 섭취하면 우리 몸 속에 있는 효소의 소비를 줄일 수도 있다는 뜻이다. 평생 사용해야 할 체내 효소를 과식이나 고칼로리, 과로, 고지방, 스트레스 등으로 소모하며 체외로부터 효소를 공급받지 않으면 체내 효소 부족으로 건강도 약해지며 질병에 노출되고 수명도 짧아진다.

1) 효소의 독소제거 효능

음식을 섭취하여 원활하게 소화되지 못하면 독소반응을 일으킬 수 있다. 단백질, 지방, 전분 분자가 소화되지 않고 혈액으로 흡수되어 혈액 내 효소의 농도가 정상치보다 낮아지면 흡수된 물질들은 알레르기 반응을 일으킬 수 있다. 그 예로서 혈액 내 리파아제가 부족하면 콜레스테롤이 축적되고 아밀라아제가 부족하면 혈당치에 문제가 생긴다. 효소는 우리 인체의 외부 축적물과 독소들을 파괴하는데 사용되며, 효소의 섭취량을 늘리면 효소는 우리 몸으로 흡수되어 우리 몸의 정화작용을 도와준다.

우리 몸이 독소로 오염되면 피부, 내장, 항문, 신장, 폐 등에 포함된 여러 가지 독소를 제거하기 위해 발진, 폐응혈, 변비, 설사, 요도염 등의 증상들이 보이기도 한다. 즉 독소 제거과정에서 효소를 첨가하게 되면 치유과정과 정화작용을 돕게 된다.

인체의 모든 질환의 80%는 대장에서 시작된다고 한다. 소화되지 않은 음식은 결장에서 썩고 이 썩은 물질은 장벽을 통해 혈관으로 재흡수된다.

텍사스대학의 생리학자 셀러 박사(Dr. selle)는 "음식에 효소를 첨가함으로서 분변량이 감소하며 통과시간이 빨라지고 일반적으로 고단백식품에 많이 포함된 독소로 변화되는 질소화합물의 양이 30~60%까지 줄어든다"고 하였다. 이렇듯 효소는 독소의 해독작용에도 쓰인다.

효소는 우리 몸을 건강하게 하는 과정을 돕는 역할을 한다. 흔히 몸이 힘이 없거나 지친다고 느껴지는 것은 우리 몸 속에 불필요한 찌꺼기가 쌓여있기 때문이다. 이렇게 몸 속에 쌓인 독소는 여러 질병의 원인이 된다. 이럴 때 효소를 사용하면 독소를 제거할 수 있고 우리의 면역체계를 활성화시켜 인체 면역방어 능력에 효율적이다.

만성피로는 영양분을 흡수하지 못하고 독소가 쌓여 발생하므로 효소를 충분히 섭취하면 노폐물을 깨끗이 분해하고 만성피로의 악순환에서도 벗어날 수 있다. 즉 효소는 우리 몸 안의 노폐물과 불순물을 제거하는 역할을 한다.

2) 효소와 장 건강

우리 몸은 1차로 위장에서 소화 단계를 거친 단백질, 전분, 지방이 소장에 이르게 되면 소장에서 분비되는 소화효소(단백질분해효소 · 지방분해효소 · 전분분해효소)에 의해 분해된다. 여러 효소에 의해 분해된 영양물질 아미노산, 포도당, 과당, 글리세롤, 지방산, 비타민, 미네랄, 물은 소장 내벽의 융모에서 흡수되어진다.

소장에서 단백질이 완전히 분해되어 아미노산으로 흡수되어야 하지만, 장내 미란(靡爛)에 의해 단백질이 흡수되어 아토피성 피부염, 알레르기성 질환이나 여러 가지 질병을 일으킬 수 있다. 장의 점막이 상처를 입거나 변의 얇은 덩어리가 숙변으로 장벽에 달라붙어 남아있으면 생활 습관병인 알레르기 질환, 간장병, 당뇨, 고혈압, 중풍, 암과 같은 질환을 앓기가 쉽다.

효소가 부족한 동물성 식품이나 정제된 식품, 가공식품을 많이 섭취하면 소화관의 이상을 초래하여 여러 가지 질병을 부르게 된다. 효소가 풍부한 식생활로 장내 환경을 정화하면 많은 질병으로부터 건강을 지킬 수 있다. 몸 안의 장내에 유익한 균들이 많아지고 장의 면역력을 조절하는 효소와 비타민, 미네랄, 식이섬유 등을 충분히 섭취해주면 면역력이 강화되고 더불어 건강해질 수 있다. 장이 튼튼해야 몸 전체가 튼튼하다는 말은 건강상태를 진단하는 장의 건강이 나머지 몸의 건강과 상호작용을 하기 때문인 것이다.

3) 효소와 위장 건강

입으로 음식이 들어가 입 속의 1차 소화가 끝나면 다음 단계인 위장으로 들어간다. 위장에서는 소화액이 분비되며 섭취한 음식의 양이 많을수록 소화액(효소)의 양도 많아진다.

위장에서 분비되는 소화액인 위액은 하루 평균 2리터가 넘게 생성된다. 그러나 음식물의 과식이나 육식은 위액의 양도 많아지게 되어 인체 내의 잠재 효소량이 빨리 고갈된다. 위장은 먹은 순서대로 소화하기 시작하는데, 나중에 먹은 후식은 십이지장으로 가는 시간이 많이 걸려 위장

내에서 이상발효를 일으킬 수 있다. 그러므로 소화되기 쉬운 음식부터 먹는 것이 바람직하다.

소화기관인 위장은 신경에 영향을 받아 흥분하여 격렬한 수축운동을 하며 위액 분비가 세 배로 늘어나기도 하고, 의기소침해지면 위의 근육운동이 정지되어 위액이 거의 분비되지 않고 먹은 것이 그대로 남아있기도 한다. 또 스트레스를 받아 긴장하면 위산의 분비를 촉진하며, 이것이 반복되면 위염이나 위궤양을 일으킬 가능성도 높아진다.

위장의 여러 가지 병의 원인은 음식물의 폭음과 폭식, 심신의 피로, 정신 스트레스, 소화 효소의 생산과 활성의 저하, 약물 과다복용으로 인한 약물피해 등 여러 가지 복합적인 원인으로 인한 음식물이 가장 큰 원인이다.

효소는 음식물을 잘 분해하여 소화를 촉진시켜 주며 적혈구와 면역세포 등의 세균을 박멸하여 면역체계를 유지시켜준다. 또한 각종 염증을 분해하고 치료하며 염증으로 손상된 세포를 재생하여 새살을 돋게 하여 위염 등의 위장질환 치료를 할 수 있다. 따라서 위장이 좋지 않을 경우, 효소를 충분히 보충하고 올바른 식생활을 생활화 하면 훨씬 더 빨리 몸이 회복할 수 있다.

4) 효소와 면역

1929년부터 웰스타터 박사에 의해 진행된 여러 실험에 따르면, 백혈구에는 8가지의 다른 아밀라아제, 프로티아제, 리파아제가 포함되어 있다는 것을 증명하였다. 그는 “백혈구가 몸 전체에 효소를 공급하는 역할을 한다”고 말했다.

알레르기 생성물질을 제거하기 위해서는 원인이 되는 단백질 물질로부터 격리되어야 한다. 이것은 독소단백질을 분해하고 알레르기 생성물질을 우리 몸의 림프구가 파괴할 수 있도록 하면 가능하다. 또한 단백질의 소화는 효소에 의해 소화관과 혈액 내에서 이루어지는데, 혈액 내의 소화되지 않은 단백질과 결합하여 항원복합체를 이루어 모세혈관 벽에 붙어 염증을 일으키기도 하고 종기와 재채기, 고열, 두드러기, 천식, 알레르기 등을 일으킨다.

효모와 대부분의 단백질 항원은 충분한 양의 효소를 섭취하게 되면 제거할 수 있다. 섭취된 효소는 백혈구 세포에 영향을 주어 면역력을 직접적으로 향상시킨다. 예방 방법은 균형 있는 식사와 효소가 풍부한 식사, 더불어 생식과 식품효소를 섭취하여 몸 전체의 효소 활성을 증가시켜 소화기관뿐만 아니라 혈류 내 효소량을 올라가게 하여 혈관을 깨끗이 해준다. 이는 알레르기의 면역체계를 원활히 하는데 도움이 된다.

5) 효소와 암

암세포는 체내 세포를 손상시키며 체내 효소를 고갈시켜 효소의 반응을 떨어뜨리고 백혈구 수의 감소와 활동을 감소시켜 암세포를 만들어낸다. 암을 만드는 요인으로는 방사선, X-ray, 벤조피렌(benzopyrene), 발암물질, 바이러스, 세균 등과 중금속, 환경 오염물질, 식품첨가물, 살충제, 제초제, 농약, 항생제, 항암제 등의 화학약품들이다. 이는 백혈구를 파괴하고 효소의 반응을 떨어뜨리는 강력한 물질들이다. 또한 고단백, 고지방식품, 정제된 탄수화물 식품을 지나치게 많이 섭취하는 한편 효소와 조효소, 그리고 식이섬유와 생리활성 영양소를 적게 섭취함으로써 체내 영양대사의 불균형을 초래하여 체내 효소를 소모·고갈시킨다.

그러므로 지방 섭취와 흡연을 줄이고 과일과 채소, 곡물, 식이섬유의 섭취를 늘리면 암에 걸릴 확률을 감소시킬 수 있으며 궁극적으로 암으로 인한 사망을 줄일 수 있다. 이처럼 암 발생을 막으려면 암을 일으키는 원인들을 제거하는 것이 가장 중요하며 일상생활에서 효소가 풍부한 식품과 여러 가지 효소가 풍부한 효소 음료와 녹즙, 생청국장 등을 통해 인체에 부족하기 쉬운 효소를 공급해 주어야만 한다.

6) 효소와 다이어트

효소는 인체 내에 모든 화학반응을 일으키는 물질로 뇌와 관련된 체중조절에 아주 중요한데,

비만을 예방하기 위해서는 식습관을 잘 조절하여 단백질, 비타민, 미네랄, 효소를 적당히 섭취하면 효과적이다. 즉 신선한 과일과 채소로 섬유소를 충분히 섭취하면 포만감을 주고, 그 속에 포함된 복합탄수화물은 뇌의 세로토닌(serotonin) 분비를 일으키며 효소가 풍부하다. 따라서 비만을 예방하기 위해서는 효소를 충분히 섭취하고 규칙적인 운동도 함께 한다면 체중조절에 많은 도움이 된다.

05 식품과 효소

1) 식품과 효소와의 관계

우리 식생활에 많이 활용되고 있는 발효식품인 된장, 간장, 고추장, 김치, 젓갈, 식초, 식혜, 맥주, 차 등은 효소를 적극적으로 이용한 식품이다. 또한 누룩을 이용한 막걸리 제조나 과일의 단백질 분해효소 등을 이용하여 육류의 연육작용과 올리고당을 사용하여 물엿을 만들기도 한다. 그리고 아황산 처리로 과일의 숙성이나 부패의 지연을 막기도 하며, 식혜나 막걸리의 열처리 등으로 효소를 억제시키거나 사멸시켜 유통을 연장시킨다. 또한 효소작용을 조절하고 활용하여 음식의 부패를 막기도 하며 식품을 건조하는 등 다양하게 식품에 효소가 적용되고 있다. 이처럼 각종 조미료나 그 밖의 여러 가지 효소가 식품의 제조에 많이 이용되고 있다.

2) 효소가 함유된 식품

(1) 곡물 효소

알파 아밀라제(α-amylase) 효소는 밀가루의 수분 흡수력을 저하시키며, 베타 아밀라제(β-amylase) 효소는 제빵 발효시 적절한 가스를 생성하여 빵의 발효를 도와 질감을 부드럽게 한다. 프로테아제 효소는 밀가루 반죽의 강도를 저하시키기도 하고, 파이타제 효소는 밀가루의 영양적 가치를 개선하며, 리폭시제나제(lipoxygenase) 효소는 밀가루의 표백효과를 증가시키기도 하며 불포화지방산의 부패를 촉진하기도 한다.

(2) 과일이나 채소의 효소

폴리페놀 옥시다제(polyphenol oxidase) 효소는 과일이나 채소의 갈변화에 관여하며, 클로로필라제(chlorophylase) 효소는 클로로필을 클로로필라이드와 파이톨로 가수분해하고, 리파제(lipase) 효소는 지방질을 지방산과 글리세롤로 가수분해하며, 펙틴(pectinase) 효소는 과일과 채소의 저장, 가공, 숙성 중 변화를 일으키고 퍼록시다제(peroxidase) 효소는 과일 채소의 풍미, 색, 조직의 변질을 가져오게 한다.

(3) 우유 효소

프로테아제(protease)는 쓴맛을 내는 펩타이드를 생성하며 우유의 조직을 결합시켜 안전성을 파괴시키고, 리파제(lipase)는 산패취와 부패취를 생성하며, 카탈라제(catalase)는 산화를 촉진하고, 알카라인포스파타제(alkaline phosphatase)는 우유 살균의 지표 효소로 사용한다.

(4) 기타식품 효소

라이소자임(lysozyme) 효소는 달걀에 다량 함유되어 항균제 역할을 하며, 그 밖의 여러 가지 식품에 관여하는 효소들이 식품의 신선도를 유지하거나 부패를 억제 또는 촉진시키기도 하는 등 식품에 여러 가지 작용을 한다.

3) 발효식품의 효소

발효과정 중 여러 가지 미생물이 자라면서 성분들을 분해하여 다양한 효소들이 나올 수도 있다. 발효의 원료식품의 원재료가 어떤 것이냐에 따라 달라지고, 어떤 미생물을 넣느냐에 따라 달라진다.

김치, 간장, 된장 등과 같은 전통 발효식품의 경우 탄수화물 분해효소, 단백질 분해효소, 지방 분해효소 등이 풍부하게 생산되며, 청국장의 경우는 콩 속의 지방 분해효소에 낫또(natto)라는 미생물을 넣어 발효시키면 혈전 분해효소까지 생겨난다. 특히 발효식품 속에는 다양한 종류의 활성 높은 효소들이 존재하므로 다른 식품들보다 활성도가 좋다.

4) 효소가 많은 식품을 섭취해야 하는 사람

첫째는 육류 및 가공식품의 섭취가 많은 사람, 둘째는 다이어트로 식사를 제한하는 사람, 셋째는 원인 모를 부종이나 피로 등의 증상이 있는 경우와 음주, 흡연, 스트레스가 심한 사람, 넷째는 노화가 진행되어 몸의 균형이 깨져 성인병에 노출된 사람이다. 각종 소화효소들의 활성은 나이에 반비례하며, 세포분열이 왕성하게 일어나게 하는 텔로머라제(telomerase)의 활성이 어릴 때보다 나이가 들게 되면 확연히 줄어든다. 이들은 효소가 노화되어 활성도가 약하기 때문에 많은 효소식품을 섭취하여야 한다.

5) 효소와 식품 궁합

냉면이나 메밀국수, 무의 음식 궁합을 보면, 냉면은 탄수화물로 무에 함유되어 있는 아밀라아제가 면의 소화를 도와준다. 불고기에 배즙을 넣는 것은 배즙의 단백질 분해효소가 고기의 효소

활성을 돕는 연육작용으로 인해 육질을 부드럽게 하며 단백질이 분해되어 아미노산의 구수한 맛과 감칠맛을 더해준다. 또한 돼지고기와 새우젓에서의 음식궁합은 돼지고기를 과다섭취 시 지방과 단백질의 소화가 잘되지 않을 수 있는데, 새우젓 속의 풍부한 단백질 분해효소와 지방질 가수분해효소들이 소화작용을 돕고 돼지고기의 누린내를 억제한다.

6) 효소 낭비 식습관

(1) 물말아 먹기

탄수화물의 소화는 대부분 소장에서 이루어지는데, 소장의 췌장액과 간에서 분비되는 담즙 등이 알칼리로 만들어준다. 그래서 밥을 물말아 먹으면 장 내의 알칼리 상태가 유지되지 못해 소화가 잘 이루어지지 않으며, 밥을 먹는 도중 물을 마시면 위액과 각종 소화액의 희석으로 소화 기능이 약해져 소화가 잘되지 않는다. 그러므로 식사 도중에 물을 마시지 않는 것이 좋은데, 식사 전 15분, 식사 후 1시간 전에는 가능한 물을 삼가는 것이 좋다. 그러나 아침에 일어나 적당한 온도의 물 한 잔은 건강에 많은 도움이 된다.

(2) 빨리 먹기

음식을 빨리 먹다보면 효소의 기능이 약해져 소화가 더디게 된다. 음식을 잘게 씹을수록 위와 장에서 소화액이 잘 희석되어 소화액의 기능 면적이 넓어져 그만큼 소화가 쉬워진다.

(3) 짜게 먹기

소금의 농도가 높으면 효소단백질이 변성되어 효소의 활성을 제대로 나타내지 못할 수 있다. 그러므로 짜지않게 적절한 농도의 소금이 들어간 음식을 섭취하는 것이 바람직하다.

酵素

2부

발효 효소액 만들기

01 발효 효소액의 성분과 효과

1) 발효 효소액의 성분

발효 효소액은 주로 식물의 재료를 사용하기 때문에 어떤 재료를 사용하느냐에 따라 성분의 차이가 난다. 식물의 색소인 엽록소, 베타카로틴, 안토시아닌 등을 비롯하여 식물의 열매, 뿌리, 꽃, 줄기 등에 들어있는 플라보노이드(flavonoid), 탄닌(tannin), 식물성 호르몬, 천연약용 물질 등이 발효과정을 통해 전부 녹아있다.

그래서 발효 효소액에는 기본적으로 세포가 혈액으로부터 영양소를 흡수하는 능력을 촉진시키고, 또 세포로부터 대사 폐기물을 잘 배설시키도록 하며 장내 환경을 깨끗하게 유지해 주는 작용을 하여 세포 하나하나에 생기를 불어넣고 건강한 인체를 만들게 한다.

이와 같이 식물이 가지고 있는 정수(淨水, 식물생리활성 영양소)와 유익 미생물이 만들어 낸 성분, 그리고 유익 미생물에 함유한 성분들이 어우러져 발효 효소액이 탄생하게 되었다.

2) 발효 효소액의 사용법

(1) 음료로서의 사용법

잘 만들어진 발효 효소액에 적당량의 물을 희석하여 음료로 즐길 수 있다. 녹즙이나 과일즙 등에 혼합하여 음용할 수 있으며, 꿀 대신 전통 음료나 차 등에 함께 혼합하거나 첨가하여 먹을 수 있다.

(2) 조리 시 대체 당으로 사용

발효 효소액을 설탕이나 물엿 대신 조리에 활용할 수 있다. 특히, 열을 가하지 않은 샐러드에 활용하면 더욱 좋다. 발효 효소액을 조리에 사용할 경우는 음료로 활용 때보다 효소액이 가지고 있는 향이나 맛으로 주재료를 더 좋은 맛과 풍미, 식감을 살릴 수 있어서 좋다.

발효 효소액으로 조리하면 열에 의해 효소가 죽을 수도 있지만 재료에서 추출된 영양성분과 효능, 약성 등이 남아 있고, 발효당으로 설탕보다는 인체에 도움이 되므로 충분히 숙성된 발효 효소액을 조리에 사용하면 좋다.

예를 들어, 갈비찜에 충분히 숙성되지 않은 매실 발효 효소액을 사용할 경우, 매실향이 강하거나 신맛이 두드러져서 갈비가 가지고 있는 본래의 감칠맛은 사라지고 오히려 맛을 그르칠 수 있으므로 충분히 숙성된 발효 효소액을 사용한다.

(3) 식초로 활용

발효 효소액에 적당량의 물을 희석하여 숙성시킨 후 식초로 만들어 활용할 수도 있다. 발효 효소액으로 식초를 만들 때 설탕을 넣어 함께 혼합하면 효모를 활성화하여 더 좋은 풍미의 질 좋은 식초를 만들 수 있다.

(4) 효소 배양액 만들어 음용하기

사과나 바나나 등의 재료를 갈아서 재료의 20% 정도의 발효 효소액과 꿀을 넣어 2-3일 발효시켜 효소를 배양 활성화하여 먹기 좋게 물을 희석하여 음용하면 효과적이다.

3) 발효 효소액의 효과

여러 가지 식물을 원료로 만든 발효 효소액은 신체의 모든 기관, 분비선 및 모든 기능에 생리적 효과를 준다.

이토 겐지(伊藤) 박사의 연구는 다음과 같다. 질병 치료에 효소음료의 생리적 효과는 효소, 비타민, 미네랄, 미량 원소, 천연 당분을 포함하고 있으며 중요한 영양소들을 소화기관에 부담을 주지 않고 위에서 직접 혈액으로 동화하며 혈액과 조직의 산·알칼리의 비율을 정상화시키기 위해 풍부한 알칼리를 공급한다고 하였다. 또한 발효 효소액은 천연의 약용물질 뿐 아니라 식물성 호르몬과 항생물질을 함유하고 있으며 세포가 혈액으로부터 양양소를 흡수하는 능력을 촉진시키고 또 세포로부터 대사 폐기물을 잘 배설시킨다. 발효 효소액의 원료가 가지고 있는 갖가지 색소인 엽록소와 베타카로틴(β-carotene), 안토시아닌(anthocyanin)에는 항암효과가 있으며 적혈구의 생산을 증가시키고, 소화·동화과정에 영향을 주며 단백질과 콜레스테롤의 대사도 돕는다.

소화 흡수, 배설, 호흡, 사고, 감정 등 생명현상을 원활하게 행하며, 병의 회복에 대해서도 인체에 내재해 있는 자연치유력으로 병을 낫게 하는 적극적인 역할을 한다.

예를 들어, 일반 약품과 효소 음료의 차이점은 약품은 약효로 통증을 억제하고 또 아무리 먹어도 체력이 증강되지 않지만, 효소 음료는 환자에게 체력이 붙게 한 다음 인체에 내재해 있는 자연치유력으로 병을 낫게 한다고 하었다.

이토 겐지(伊藤) 박사의 "효소 건강법"에서 일반 약품과 효소음료의 차이점을 보면,

일반 약품과 효소 음료의 차이점

구 분	일반 약품	효소 음료
치료법	대증요법	근치요법
속도	속효성	지효성
사용량	용량, 엄격한 기준 있음	용량, 기준 없음
경과	병세가 빨리 가라앉으나 약효가 떨어지면 원래 상태로 되돌아간다.	먼저 체력이 붙고 그 다음에 병이 낫는다.
효과	'경과'의 현상이 반복되면서 잘 낫지 않는다.	처음부터 두드러지게 낫지는 않으나 서서히 호전된다.
계속 복용	계속 복용을 피해야 한다.	반드시 장기 음용한다.
적응증	적응증이 한정되어 있다.	적응증이 넓다.
효력의 범의	단일 또는 좁은 범위로 한정적이다.	효력이 넓고 복합적이다.
병용	다른 약품과 함께 먹는 것을 신중히 고려해야 한다.	약품과 함께 먹어도 무방하다.
독성	세포에 대한 강한 독성이 있다.	전혀 독성이 없다.

발효 효소액에는 인체가 살아가는 데 반드시 필요로 하는 여러 가지 풍부한 물질을 함유하고 있으며, 여러 가지 식물이 가지고 있는 식물생리활성 영양소와 미생물이 만들어 낸 효소와 항산화 물질, 그리고 미생물에 함유되어 있는 성분이 어우러져 인체에 필요한 물질을 공급받아 우리 몸이 활력을 찾아 좋아질 수 있다.

우리 몸의 건강 효과를 보면 첫째, 항산화 작용으로 활성산소를 제거하고, 둘째, 손상된 세포를 복구한다. 셋째, 암세포 증식을 억제하며, 넷째, 감염에 대한 저항력을 강화, 면역력을 향상한다. 다섯째로는 기억력과 집중력을 강화하고, 알츠하이머(치매)를 예방해 주고, 여섯째는 심혈관계통의 질환을 예방, 개선해주며 노화를 지연시키고 체질을 개선한다. 일곱 번째는 생활 습관성 질환을 예방, 개선하는 효과가 크다.

4) 발효 효소액의 종류

(1) 식물 자체의 효소

폴리페놀(polyphenol)을 함유한 산화효소와 단백질과 지방 등을 분해하는 분해효소와 식물 자체의 대사에 관여하는 각종 효소들이 있다.

(2) 미생물에 의해 생성된 효소

효모와 설탕으로 알코올과 이산화탄소를 생성하는 알코올 생성효소와 초산균이나 알코올을 초산으로 분해하는 알코올 분해효소가 있으며, 효모나 설탕으로 포도당과 과당으로 분해하는 당분해 효소, 젖산(lactic acid)과 호박산(succinic acid), 피브루산 (pyruvic acid) 등의 유기산 생성 효과를 가진 효소들이 있다.

5) 발효 효소액의 유익한 점

(1) 식물 원료의 진액과 영양성분

식물 자체의 수액과 엽록소뿐 아니라 색소인 황색의 베타카로틴(β-carotene), 붉은색의 안토시아닌(anthocyanin), 식물의 잎이나 꽃·뿌리·열매·줄기 등에 많이 들어 있는 플라보노이드(flavonoid), 활성산소와 혈전을 제거하는 탄닌(tannin), 천연약용물질, 식물성 호르몬, 항생물질 등의 식물의 정수를 고스란히 뽑아냈으며, 발효에 의해 증식된 엄청난 수의 미생물이 만들어 낸 성분과 미생물에 함유된 성분인 비타민. 미네랄·호르몬·효소 등도 전부 용출되었다.

(2) 발효 미생물 풍부

식물을 원료로 각종 유기산과 단백질, 아미노산 등에 의해 발효시킨 것이므로, 몸에 유익한 효모, 유산균 등의 유용한 미생물이 내용물에 많이 들어 있다. 발효과정을 거치면서 영양분이 더 소화되기 쉬운 형태로 분해하기도 하며, 숙성이라는 과정을 거쳐 새로운 물질이 생성되며 따라서 발효액 가운데는 우리 몸에 무척 유익한 성분이 함유되어 있다.

6) 발효와 설탕의 원리

(1) 미생물의 먹이

설탕은 미생물(효모)들의 먹이가 되어 미생물이 증식하도록 하며 부패를 막고, 설탕에 들어 있는 효모와 미생물, 그리고 재료인 식물체의 잎이나 과일에 붙어 있는 야생 미생물들과 공기 중의 미생물들이 당을 먹이로 증식한다. 뿐만 아니라, 자당(蔗糖)으로서의 설탕 성분은 발효과정에서 미생물의 타액 속에 들어있는 아밀라아제 효소의 작용으로 분해되어 포도당(glucose)과 과당(fructose)으로 바뀐다.

재료에 붙어있는 유해 미생물들은 설탕의 농도에 의한 삼투압 작용과 이들 유익 미생물들의 발효에 의한 유기산에 의해 사멸되므로 유해균이 생존할 수 없게 된다. 고농도의 내당성을 가진 효모와 유산균만이 남아 당을 먹이로 번식하므로 발효가 왕성하게 이루어진다.

발효 미생물의 수는 발효 기간과 당의 농도, 재료의 종류와 온도, pH 등에 따라 차이가 많이 날 수 있다.

그러므로 발효 효소액을 만들 때 용기에 넣고 잘 저어주지 못해 설탕이 아래에 갈아 앉아 있게 되면 미생물의 먹이가 부족해 윗부분은 산패나 부패로 갈수 있으므로 설탕이 완전히 녹을 때까지 저어 주어야 한다.

(2) 삼투압 작용

잎, 줄기, 뿌리, 열매 등에 있는 식물의 주요한 약효 성분은 설탕을 이용해 추출하게 되는데, 설탕의 삼투압 작용에 의해 식물체에 있는 혈액과 같은 수액이 먼저 빠져 나온다. 식물의 혈액인 수액과 엽록소뿐만 아니라 식물이 가지고 있는 색소인 황색의 베타카로틴, 붉은 색의 안토시아닌, 식물의 잎이나 꽃 · 뿌리 · 열매 · 줄기 등에 많이 들어있는 플라보노이드, 활성산소와 혈전을 제거하는 탄닌, 그리고 그 식물이 가지고 있는 약성과 효소도 전부 녹아 나오므로 식물의 정수를 고스란히 뽑아내게 된다. 그것도 열을 가하지 않고 살아 있는 그대로 삼투압 작용과 발효에 의해 삼출하므로 효소가 풍부하다.

(3) 방부제 작용

미생물의 증식을 도와주며 부패를 막아 준다. 그러므로 재료의 수분 함량에 비해 설탕량이 많으면 당의 농도가 너무 높아 미생물들이 생명 활동을 할 수 없으므로 발효가 되지 않고 설탕 시럽으로 있게 될 수도 있다. 그러므로 재료에 함유되어 있는 수분 함량에 비해 설탕량이 많으면 발효가 잘되지 않으므로, 재료가 가지고 있는 수분 함량에 비교하여 설탕의 양을 적절하게 조절해야만 미생물이 먹이 활동을 왕성하게 하여 발효가 잘된다. 반대로 설탕량이 적으면 발효가 일어나지 못하고 부패하게 된다.

7) 발효 효소액의 음용방법

(1) 효소 음료의 사용법

가. 음용시간

식후보다는 식전, 가능한 한 아침에 일어난 직후라든가 취침 전 등 공복에 선택하는 것이 좋으며 공복 때는 함유되어 있는 영양성분을 흡수하는 정도가 높다.

나. 음용횟수

횟수는 제한은 없지만 보통 하루 2~4회 정도, 공복 때 섭취하는 것이 영양의 흡수를 돕고 기분도 상쾌하게 한다. 하지만 여러 가지 질병이 있을 때는 좋다고 너무 남용하여 많은 양을 먹게 되면 오히려 해로울 수도 있으므로 전문가와 상담하여 적당히 먹는 것이 좋다.

다. 음용방법

처음에는 물을 4~5배 희석하여 먹다가 차츰 횟수를 늘리며 익숙해지면 물에 희석하는 것보다 원액 그대로 음용하는 것이 더 효과적이며, 물에 희석하여 오래 두면 효소의 활성이 떨어지기 때문에 바로 마시는 것이 좋다.

효소의 활성도가 가장 좋을 때 마시려면 발효 직후의 것이 가장 좋으며 숙성이 오래 된 것은 약성과 풍미는 좋지만 효소의 활성도는 약하거나 없을 수도 있다.

라. 음용하는 양

목적에 따라 1회 20~60㎖로 하며 병의 회복 목적이라면 더 많은 양으로 횟수도 늘릴 수 있지만 반드시 전문가와 상담하여 질병의 상태에 따라 고려하여야 한다.

마. 음용기간

소량 음용한다면 기간은 상관 없으며, 꾸준히 장기간 마셔야 효과를 기대할 수 있다. 바로 효과를 보는 것이 아니며 개인차가 있고 적어도 4~6개월 이상 계속 마시면 좋다. 생활 속에서 꾸준히 음료로 음용하면 더욱 좋다.

(2) 효소 배양액 만들기

딸기나 바나나, 사과 등을 갈아서 꿀과 발효액을 넣어 2~3일 배양 후 냉장 보관하여 먹으면 좋다.

예를 들어, 바나나 1kg일 때, 꿀 200㎖, 발효액 200㎖가 적당하다. 바나나를 갈아서 꿀과 발효액을 혼합하여 2~3일 상온에서 숙성 후 내용물이 위로 떠오르고 향이 깊으면 잘 걸러서 냉장 보관하고 먹으면, 영양성분과 풍미가 좋고 효소가 기하급수적으로 배양하여 건강에 유익하고 향과 맛이 좋은 음료를 즐길 수 있다.

02 발효 효소액 만들기

1) 건강한 발효 효소액 만드는 과정

(1) 질 좋은 재료 준비

계절에 따라 오염되지 않고 질 좋은 재료를 준비하여 깨끗이 씻어 물기를 거둔다.

(2) 재료를 자르기나 갈기

재료에 수분이 많고 연한 것은 다소 크게 썰고, 수분이 적고 단단한 것은 잘게 썰거나 갈아서 단면이 많을수록 삼투압 작용이 빠르다.

(3) 재료와 설탕 버무리기

큰그릇에 설탕을 재료의 수분과 당의 함량에 따라 넣으며, 가능한 유기농 설탕이 좋지만 설탕의 종류는 재료와 용도에 따라 선택하여 골고루 잘 섞는다. 전체 양의 10% 정도는 항아리 윗면에 뿌려 공기와의 접촉을 막아 재료가 변질되는 것을 막아야 하므로 마무리할 설탕은 남겨둔다.

(4) 항아리 담기

항아리는 반드시 소독하여 설탕에 버무린 재료를 손으로 꾹꾹 눌러가면서 채워야 설탕이 재료의 표면에 달라붙어 즙액이 잘 빠져 나오고 부패가 되지 않는다.

(5) 윗면에 설탕과 소금 뿌려주기

윗면이 보이지 않도록 설탕을 골고루 뿌린 후 그 위에 소금을 뿌린다. 윗면에 설탕을 뿌리는 이유는 재료의 산화를 막고 유해균의 침입을 막기 위해서다.

천일염의 소금은 설탕의 0.5%이며 설탕 위에 흩뿌려 준다. 소금은 재료의 성분을 더 잘 이끌어 내고, 맛을 더 좋게 하고 부패균을 방지하는 역할도 한다. 그리고 식물 재료에 지나치게 많을 수 있는 칼륨을 중화하기 위해서도 나트륨이 필요하다. 또한 천일염 속에 미네랄은 미생물의 증식에도 도움이 된다.

(6) 한지 덮개와 기록하기

한지나 면보로 덮개를 잘 덮고 고무줄로 마무리한다. 덮개가 찢어지거나 구멍이 생기면 초파리가 들어가 알을 낳아서 구더기가 생길 수 있다. 그리고 효소를 거를 때 참고를 할 수 있도록 재료의 양, 만든 날짜의 년, 월, 일, 효소이름, 설탕의 양을 기록하여 항아리에 부착하여야 한다.

(7) 1차 발효

재료를 설탕이 다 녹을 때까지 여름에는 매일 한 번씩 겨울에는 2~3일에 한 번씩 뒤집어서 산소를 공급해준다. 그리고 햇볕이 들지 않는 시원하고 어두운 곳에 둔다. 효모, 유산균 등의 통성 혐기성 미생들은 산소가 없을 때에는 호흡을 하지 않고도 증식을 계속하지만 산소가 주어지면 산소를 이용하여 급격히 증식한다.

효모균은 통성 혐기성미생물로 산소가 있으면 호흡을 하면서 에너지를 만들어 살아간다.

(8) 즙액 거르기

초기 발효에는 약간 달면서 톡 쏘는 듯한 신맛이 난다. 재료의 성분과 수액이 빠져 가벼워지면 재료의 섬유질이 떠오르고 색이 탈색된다. 발효과정에 관여하는 미생물이 분비한 효소에 의해 유기산이 생성되면서 특유의 향과 맛이 나기 시작했다가, 가스가 올라오지 않고 향이 깊고 달콤한 냄새가 나면 1차 발효가 끝났으므로 소쿠리나 촘촘한 망과 면보로 즙액을 거른다.

(9) 숙성하기

저온 저장하여 보관하며 숙성시킨다. 오래 보관할 것은 설탕을 더 넣어 당분이 증가하면 미생물의 활동이 줄어 오래 보관할 수 있다. 그러나 설탕을 더 넣는 것보다 저온 보관하는 것이 좋고, 음료로 먹을 때는 발효 직후부터 효소의 활성도가 떨어지기 전에 먹는 것이 좋으며, 대체 당으로 조리에 활용하려면 오래 숙성되어 재료의 독특한 맛이나 독성이 분해되고 맛과 향이 깊어 질 때까지 충분히 숙성시킨다.

2) 부위별 발효 효소액의 종류와 만들기

(1) 열매로 만든 효소의 특성과 종류

일반적으로 과일에는 수분이 90% 이상되는 것들이 많아 수액이 많으며 각각의 과일향과 풍미가 좋아 발효음료로 사용하기 적당하며 다양한 과일의 색에 따른 효능도 많다.

붉은색의 과일에 있는 안토시아닌(anthocyanin)은 눈의 피로를 풀어주며 소염작용이 있고, 항균 콜레스테롤 저하작용 등에 관여하기도 하며 라이코펜(lycopene)과 베타카로틴(β-carotene) 성분은 노화를 예방하고 암을 예방하며, 폴리페놀(polyphenol) 성분은 자외선으로부터 손상된 피부를 보호하고 지친 피부에 활기를 넣어준다. 과일에 공통적으로 많은 비타민 C는 피부에 탄력을 주고 콜라겐(collagen) 합성과 미백 효과가 좋다. 라이코펜은 폐암을 예방하고 니코틴 해독작용을 도와 폐기능을 보호하는 역할을 한다. 구연산은 젖산을 분해하여 피로를 풀어주고 설사나 변비해소에 효과적이고, 피루부산은 간기능 상승과 숙취 해소에 효과적이고 유기산, 사과산, 구연산은 불면증과 식욕증진에 좋다.

매실과 복분자, 복숭아, 홍고추, 오미자, 늙은호박, 사과, 배, 포도, 귤, 키위 등의 효소를 만들어 보고 각각의 효능에 대해 알아보았다.

(2) 줄기와 잎으로 만든 효소의 특징과 종류

잎과 줄기에는 비타민 A, C, E, B_2 등과 양질의 단백질 등을 함유하며 포타슘, 칼슘, 철분, 아연, 마그네슘 등 인체에 꼭 필요한 필수 아미노산이 풍부하며 알칼리성 미네랄을 제공한다. 물과 이산화탄소와 태양에너지를 촉매로 포도당과 산소로 전환시키는 탄소동화작용을 한 엽록소는, 조혈작용과 효소 활성화, 그리고 체질개선에도 도움을 주며 해독작용과 치유효과도 잘 알려져 있고 혈액의 무질서를 바로잡아주며 악취 제거, 감염된 상처 치료 등의 효과와 각각의 재료들의 특성을 가지고 있다. 이 책에서는 미나리, 브로콜리, 양배추, 부추, 샐러리, 승검초, 민들레, 쇠비름, 표고버섯, 쑥 등의 효소를 만들어 보고 각각의 효능에 대해 알아보았다.

(3) 뿌리로 만든 효소의 특징과 종류

뿌리에는 땅의 기운을 받아 수렴의 기운이 넘치며 활성산소를 제거하고 항산화 작용으로 노화를 지연하는 비타민 A와 피로회복에 좋은 비타민 C 등도 풍부하고, 칼륨이 풍부하게 들어있는 식품들은 나트륨을 배출시키며 뇌졸중을 예방하고 콜레스테롤을 저하시켜 성인병 예방에 좋은 역할도 하고 있다. 무나 콜라비 등 안토시아닌 색소의 식품은 기억력과 항암 효과에도 좋으며, 베타카로틴은 면역력 증진에, 붉은색은 혈액 정화작용에 도움을 주고 항암 효과에도 좋다.

코의 점막을 강화시키고 염증을 가라 앉혀주는 우엉과, 혈액순환과 기억력 회복에 좋으며 가래를 해소하는 도라지와 노폐물 배출을 촉진시키며 소화기능을 촉진하는 무, 빈혈이나 위염, 우울증에 좋은 연근 등 양파, 비트, 마늘, 우엉, 연근, 무, 도라지, 참마, 생강 등의 효소를 담아 보고 각각의 효능을 알아보기로 한다.

발효 효소액 만들기

열매로 만든 효소

• 매실 발효 효소액 만들기 • 복분자 발효 효소액 만들기 • 복숭아 발효 효소액 만들기
• 홍고추 발효 효소액 만들기 • 귤 발효 효소액 만들기 • 키위 발효 효소액 만들기
• 포도 발효 효소액 만들기 • 배 발효 효소액 만들기 • 오미자 발효 효소액 만들기
• 늙은호박 발효 효소액 만들기 • 사과 발효 효소액 만들기

줄기와 잎으로 만든 효소

• 미나리 발효 효소액 만들기 • 브로콜리 발효 효소액 만들기 • 양배추 발효 효소액 만들기
• 부추 발효 효소액 만들기 • 샐러리 발효 효소액 만들기 • 승검초(당귀잎) 발효 효소액 만들기
• 쑥 발효 효소액 만들기 • 표고버섯 발효 효소액 만들기 • 쇠비름 발효 효소액 만들기
• 산야초 발효 효소액 만들기

뿌리로 만든 효소

• 양파 발효 효소액 만들기 • 비트 발효 효소액 만들기 • 마늘 발효 효소액 만들기
• 우엉 발효 효소액 만들기 • 연근 발효 효소액 만들기 • 도라지 발효 효소액 만들기
• 참마 발효 효소액 만들기 • 생강 발효 효소액 만들기 • 무 발효 효소액 만들기

매실 발효 효소액 만들기

재료 및 분량

- 매실 5kg · 황설탕 3.5kg
- 덮는 황설탕 500g
- 굵은소금 20g

준비물

- 소독된 항아리 · 면보
- 저울 · 고무줄 · 펜
- 큰그릇 · 소쿠리

만드는 법

1 신맛이 강하고 과육이 단단한 연녹색을 띤 청매실을 깨끗이 씻어 물기를 거두고, 항아리를 준비한다.

2 큰그릇에 매실과 황설탕을 넣고 고루 버무려 항아리에 넣고 눌러 담는다.

3 항아리 맨 위에 남긴 설탕으로 위를 덮고 소금을 뿌린다. 항아리 입구를 면보로 덮고 고무줄로 잘 묶은 후 재료 명, 만든 날짜, 무게, 설탕의 양을 기록하여 항아리에 붙인다.

4 햇볕이 들지 않는 서늘한 곳에 항아리를 두고 항아리에서 설탕이 다 녹을 때까지 2~3일에 한 번씩 재료를 위 아래로 저어준다. 약 3개월 후 가스가 올라오지 않고 단내와 깊은 향이 올라와 발효가 잘되면 걸러서 숙성시킨다.

1 매실 씻기 2 항아리 넣기 3 소금 넣기 4 저어 주기

매실의 효능

매실은 성질이 평하고 맛은 시다. 진액을 만들어 갈증을 멈추게 하고 소화를 잘 시켜주며 설사를 멈추게 하는 효능이 있다. 매실은 신맛이 강해 입맛을 돋우며 체내 노폐물을 배출하고 신진대사를 촉진시킨다. 피로회복과 음주 후 숙취해소, 인체 내 독소해소에 탁월한 효과가 있다. 또한 혈액정화 작용에 도움을 주어 심장 기능에도 좋은 효과가 있다고 알려져 있다. 매실에 함유된 유기산은 79% 정도가 구연산으로 레몬이나 감귤에 비해 많다.

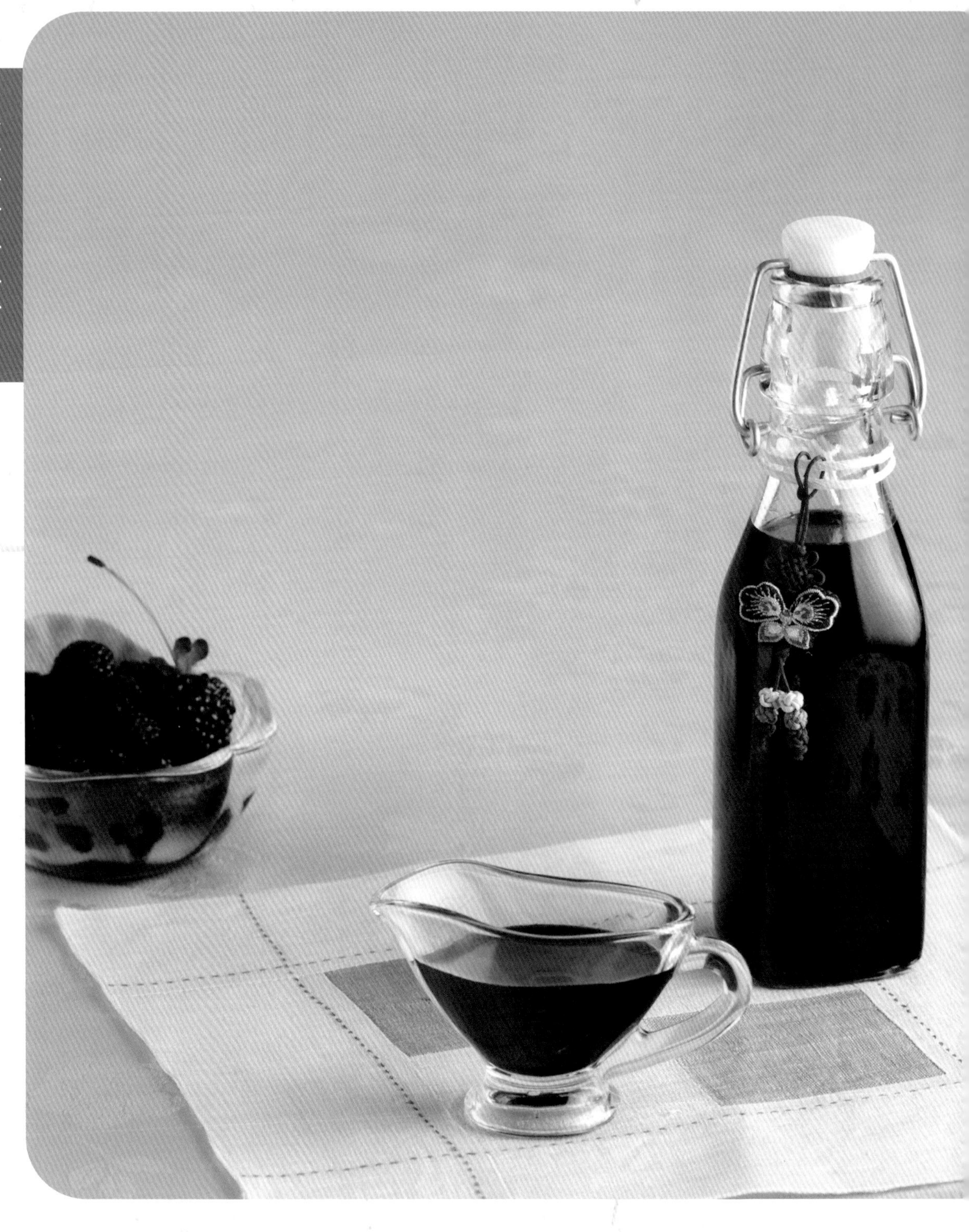

복분자 발효 효소액 만들기

재료 및 분량

- 복분자 5kg
- 흰설탕 4kg
- 덮는 흰설탕 500g
- 굵은소금 22g

준비물

- 소독된 항아리 · 면보
- 저울 · 고무줄 · 펜
- 큰그릇 · 소쿠리

만드는 법

1. 잘 익은 복분자를 깨끗이 씻어 물기를 거두고, 항아리를 준비한다.
2. 큰그릇에 복분자와 흰설탕을 넣고 고루 버무린다.
3. 설탕에 버무린 복분자를 항아리에 꾹꾹 눌러 담는다.
4. 항아리 맨 위에, 설탕으로 위를 덮고 소금을 뿌리고 항아리 입구를 면보로 덮어 고무줄로 묶은 후 재료 명, 만든 날짜, 무게, 설탕의 양을 기록하여 항아리에 붙인다.

   2~3일에 한 번씩 설탕이 다 녹을 때까지 저어 준다. 2~3개월 후 가스가 올라오지 않고 단내와 깊은 향이 올라와 발효가 잘되면 걸러서 저온 숙성시킨다.

1 재료 준비 2 설탕에 버무리기 3 항아리 넣기 4 소금 넣기

복분자의 효능

복분자는 성질이 평하고 맛은 달고 시다. 간장과 신장을 보하고 소변을 축적시키며 배뇨기관을 강화한다. 간이 허약하여 나타나는 시력 감퇴나 사물이 흐릿하게 보이는 증상에 효과가 있다.

항산화제인 안토시안닌(anthocyanin)은 포도의 4배 정도로 많으며 폴리페놀(polyphenol)은 항암작용을 한다. 비타민 C는 귤보다 많으며, 그 외 각종 비타민도 많아서 피부의 노화를 지연시키는 데 도움이 된다.

복숭아 발효 효소액 만들기

재료 및 분량

- 복숭아 5kg
- 흰설탕 4kg
- 덮는 흰설탕 500g
- 굵은소금 22g

준비물

- 소독된 항아리 · 면보
- 저울 · 고무줄 · 펜
- 큰그릇 · 소쿠리

만드는 법

1 잘 익고 단단한 복숭아를 깨끗이 씻어 물기를 거두고 껍질 째 잘게 썰어 놓고, 항아리를 준비한다.

2 큰그릇에 복숭아와 설탕을 넣고 고루 버무린다.

3 설탕으로 버무린 복숭아를 항아리에 담고 맨 위에 설탕으로 위를 덮고 소금을 뿌린다.

4 항아리 입구를 면보로 덮고 고무줄로 묶고 재료 명, 만든 날짜, 무게, 설탕의 양을 기록하여 항아리에 붙인다. 설탕이 다 녹을 때까지 2~3일에 한 번씩 저어 재료를 위 아래로 뒤집어준다.

약 3-4개월 후 가스가 올라오지 않고 단내와 깊은 향이 올라와 발효가 잘되면 걸러서 저온 숙성시킨다.

1 씻기 2 설탕 넣기 3 항아리 넣기 4 이름표 붙이기

복숭아의 효능

복숭아는 성질이 따뜻하고 맛은 달고 시다. 니코틴 해독과 폐기능을 보호하며 대장암 예방에 효과가 있다. 저혈당에 적합하고 심장의 혈이 부족하거나 혈중칼륨 부족, 철 결핍성 빈혈에 효과가 있다. 폴리페놀(polyphenol)의 항산화 작용과 아미그달린(amygdalin)의 기침과 해수천식, 신경안정에 도움이 된다. 또한 수종이나 갈증이 있을 때, 생리통에도 효과가 있다.

홍고추 발효 효소액 만들기

홍고추 발효 효소액 만들기

재료 및 분량

- 홍고추 5kg
- 흰설탕 3kg
- 덮는 흰설탕 500g
- 소금 18g

준비물

- 소독된 항아리 • 면보
- 저울 • 고무줄 • 펜
- 큰그릇 • 소쿠리

만드는 법

1. 신선하고 잘 익은 홍고추를 깨끗이 씻어 물기를 거두고 잘게 썰어 놓고, 항아리를 준비한다.
2. 큰그릇에 홍고추와 설탕을 넣고 잘 버무려 항아리에 넣고 눌러 담아, 맨 위에 설탕으로 덮고 소금을 뿌린다.
3. 항아리 입구를 면보로 덮고 고무줄로 묶고 재료 명, 만든 날짜, 무게, 설탕의 양을 기록하여 항아리에 붙이고, 설탕이 다 녹을 때까지 2~3일에 한 번씩 저어 재료를 위 아래로 뒤집어 준다.
4. 4~5개월 후 가스가 올라오지 않고 단내와 깊은 향이 올라와 발효가 잘되면 걸러서 저온에서 숙성시킨다.

1 고추 씻기 **2** 항아리 담기 **3** 효소 저어주기 **4** 효소 거르기

홍고추의 효능

홍고추는 성질이 뜨겁고 맛은 맵다. 몸을 따뜻하게 하고 하복부가 차서 생리통이 있거나 감기몸살, 풍습성관절염이나 동상에도 효과가 있다. 고추의 매운맛 성분인 캡사이신(capsaicin)이 입맛을 자극하여 식욕을 돋구어 주고, 혈액순환 작용이 있으며 체지방을 분해하여 비만을 예방한다. 또한 풍부한 비타민 A는 감기 예방에 좋다.

귤 발효 효소액 만들기

재료 및 분량

- 귤 5kg · 흰설탕 4kg
- 덮는 흰설탕 500g
- 굵은소금 22g

준비물

- 소독된 항아리
- 면보 · 저울 · 고무줄
- 펜 · 큰그릇 · 소쿠리

만드는 법

1 잘 익고 신선한 유기농 귤을 깨끗이 씻어 물기를 거두고 껍질째 잘게 썰어 놓고 항아리를 준비한다.

2 큰그릇에 썰어 놓은 귤과 설탕을 넣고 고루 버무린다.

3 항아리에 설탕으로 버무린 귤을 넣고 맨 위에는 설탕으로 덮고 소금을 뿌린 다음 항아리 입구를 면보로 덮고 고무줄로 묶는다.

4 재료 명, 만든 날짜, 무게, 설탕의 양을 기록하여 항아리에 붙이고 설탕이 다 녹을 때까지 2~3일에 한 번씩 저어 재료를 위아래를 뒤집어 준다.
약 2~3개월 후 가스가 올라오지 않고 단내와 깊은 향이 올라와 발효가 잘되면 걸러서 저온 숙성시킨다.

1 씻기 **2** 설탕 넣기 **3** 항아리 담기 **4** 이름표 부치기

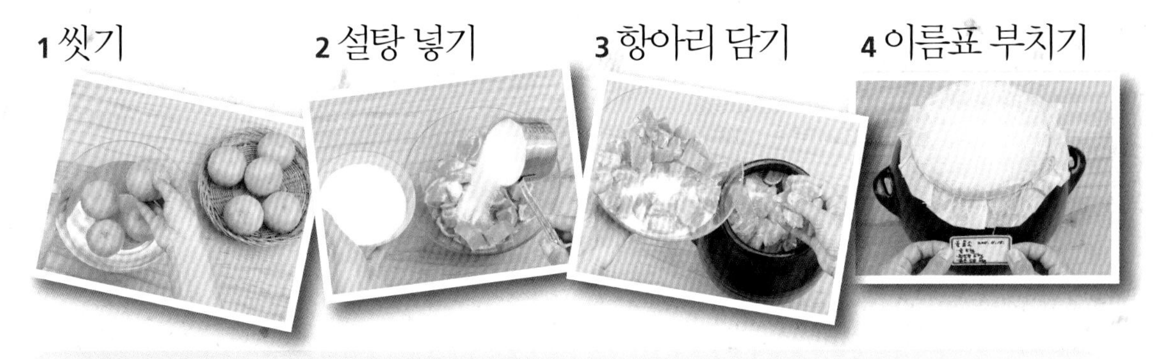

귤의 효능

귤은 성질이 시원하며 맛은 달고 시다. 귤의 신맛을 내는 구연산(citric acid)은 물질대사를 촉진해서 피로를 풀어주고 피를 맑게 해주며, 피부미용에도 좋다. 또한 귤은 비타민 C가 풍부하여 감기예방에도 좋다. 귤에 들어있는 비타민 P인 헤스페리딘(hesperidin)은 혈압을 안정시켜주고 혈관의 저항력을 증가시켜 고혈압을 예방한다. 플라보노이드(flavonoid)는 발암물질 해독과 억제작용을 한다.

키위 발효 효소액

키위 발효 효소액 만들기

재료 및 분량

- 키위 5kg · 흰설탕 4kg
- 덮는 흰설탕 500g
- 굵은소금 22g

준비물

- 소독된 항아리 · 면보
- 저울 · 고무줄 · 펜
- 큰그릇 · 소쿠리

만드는 법

1. 잘 익고 과육이 단단한 키위를 껍질을 깨끗이 씻어 물기를 거두고, 잘게 썰어 놓고 항아리를 준비한다.
2. 큰그릇에 키위와 설탕을 넣고 고루 버무려 항아리에 담는다.
3. 항아리 맨 위를 설탕으로 덮고 소금을 뿌린 다음 항아리 입구를 면보로 덮는다.
4. 재료 명, 만든 날짜, 무게, 설탕의 양을 기록하여 항아리에 붙이고 설탕이 다 녹을 때까지 2~3일에 한 번씩 저어 재료를 위 아래로 뒤집어 준다.
   약 2~3개월 후 가스가 올라오지 않고 단내와 깊은 향이 올라와 발효가 끝나면 걸러서 저온 숙성시킨다.

1 설탕 넣기 **2** 항아리 넣기 **3** 소금 넣기 **4** 이름표 붙이기

키위의 성분 및 효능

키위는 성질이 차고 맛은 시고 달다. 관절염, 요로결석, 각종 암의 방사선 치료 후에 효과가 있으며 더운 여름철 번열과 갈증에도 좋다. 또한 키위 속에 든 팩틴(pectin)과 파이토케미컬(phytochemical), 폴리페놀(polyphenol), 아스코르빈산(ascorbic acid) 등은 콜레스테롤 수치를 낮추어 주고 고혈압과 동맥경화, 심장병을 예방한다. 섬유질이 풍부해 다이어트에도 효과적이다.

포도 발효 효소액 만들기

재료 및 분량

- 포도 5kg
- 흰설탕 3.5kg
- 덮는 흰설탕 500g
- 굵은소금 20g

준비물

- 소독된 항아리 • 면보
- 저울 • 고무줄 • 펜
- 큰그릇 • 소쿠리

만드는 법

1 잘 익고 신선한 포도를 깨끗이 씻어 물기를 거두고, 항아리를 준비한다. 포도를 알알이 따서 큰그릇에 포도와 설탕을 넣고 주물러서 고루 버무린다.

2 설탕에 버무린 포도를 항아리에 눌러 담고, 항아리 맨 위에 설탕으로 덮고 소금을 뿌린다.

3 항아리 입구를 면보로 덮고 고무줄로 묶고 재료 명, 만든 날짜, 무게, 설탕의 양을 기록하여 항아리에 붙이고 설탕이 다 녹을 때까지 2~3일에 한 번씩 저어 재료를 위 아래로 뒤집어 준다.

4 약 2~3개월 후 가스가 올라오지 않고 단내와 깊은 향이 올라와 발효가 잘되면 걸러서 저온에서 숙성시킨다.

1 설탕 넣기

2 항아리 넣기

3 저어주기

4 거르기

포도의 성분과 효능

포도는 성질이 평하고 맛은 달고 시다. 알칼리성 식품으로 근육과 뼈를 튼튼하게 하고, 이뇨작용, 조혈작용을 하여 빈혈에 좋고 바이러스 활동을 억제하여 충치를 예방한다. 포도당, 과당이 많이 들어 있어 피로회복에 좋고 신진대사를 원활하게 한다. 항암성분인 레스베라트롤(resveratrol)은 암 억제효과 있으며 주석산(tartaric acid)과 사과산(malic Acid), 구연산(citric acid) 등의 다양한 유기산은 독성분 제거효과에 좋다.

배 발효 효소액 만들기

재료 및 분량

- 배 5kg
- 황설탕 4.5kg
- 덮는 흰설탕 500g
- 굵은소금 25g

준비물

- 소독된 항아리
- 면보
- 저울
- 고무줄
- 펜
- 큰그릇
- 소쿠리

만드는 법

1 잘 익고 단단한 배를 깨끗이 씻어 물기를 거두고 잘게 썰어 놓고, 항아리도 준비한다.

2 큰그릇에 배와 설탕을 넣고 고루 버무리고 항아리에 넣어 눌러 담고, 항아리 맨 위에 설탕으로 덮고 소금을 뿌린다.

3 항아리 입구를 면보로 덮고 고무줄로 묶고 재료 명, 만든 날짜, 무게, 설탕의 양을 기록하여 항아리에 붙이고 설탕이 다 녹을 때까지 2~3일에 한 번씩 저어 재료를 위 아래로 뒤집어 준다.

4 2~3개월 후 가스가 올라오지 않고 단내와 깊은 향이 올라와 발효가 잘되면 걸러서 저온에서 숙성시킨다.

배의 성분과 효능

배는 성질이 차고 맛은 달고 약간 시다. 배는 수분과 당질, 유기산, 비타민이 많아 갈증을 해소하고 폐를 윤택하게 하여 기침과 가래를 없애준다. 비타민 B와 C는 해열작용과 숙취에 좋으며 피로 회복과 피부미용에도 좋다. 식이섬유소인 펙틴(pectin)은 변비와 콜레스테롤을 낮추어 다이어트와 암 물질을 배출시키며 각종 성인병에도 좋은 역할을 한다.

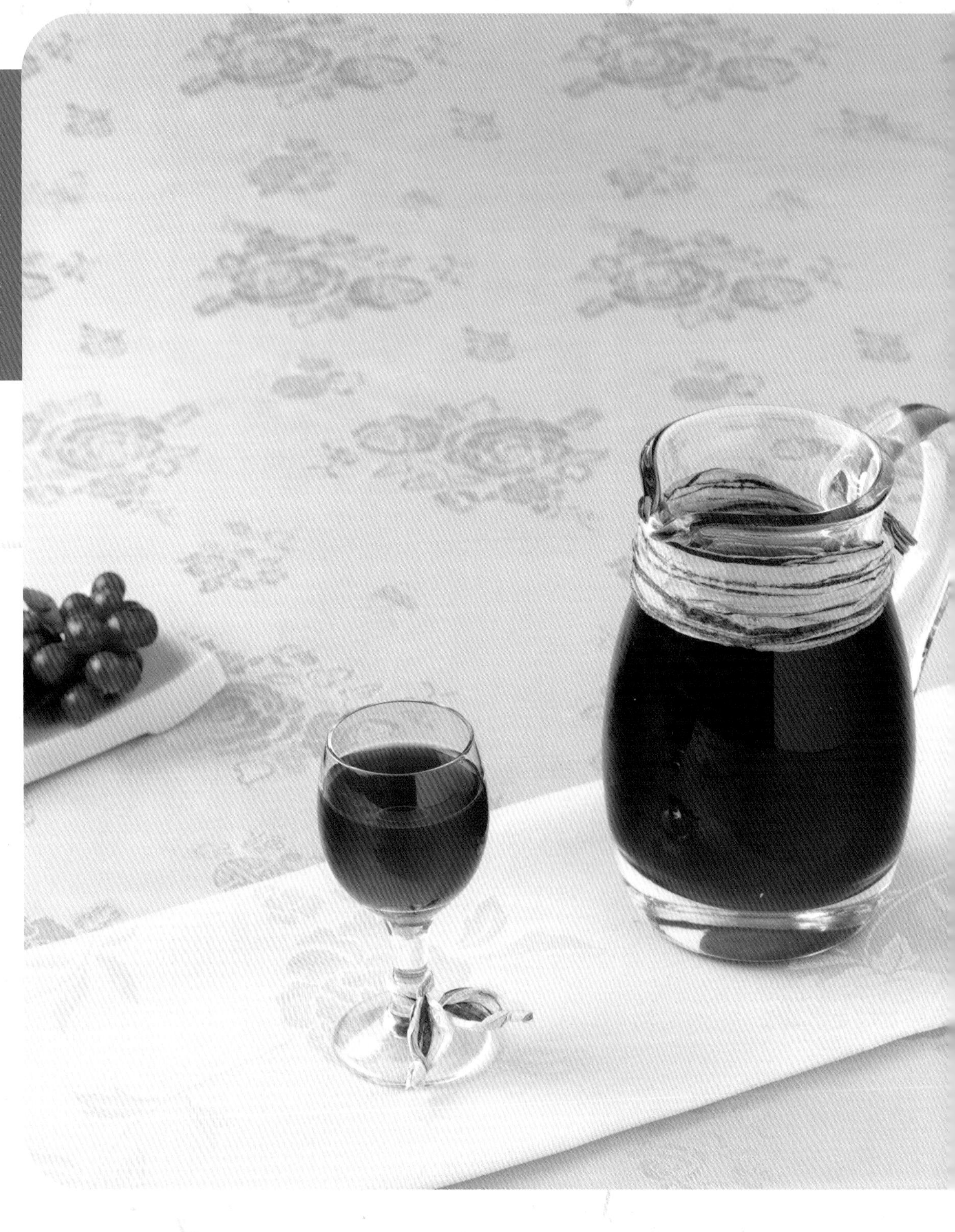

오미자 발효 효소액 만들기

재료 및 분량

- 오미자 5kg
- 흰설탕 4.5kg
- 덮는 흰설탕 500g
- 굵은소금 25g

준비물

- 소독된 항아리 · 면보
- 저울 · 고무줄 · 펜
- 큰그릇 · 소쿠리

만드는 법

1. 잘 익어 색이 붉은 오미자를 잘 선택하여 깨끗이 씻어 물기를 거두어 줄기에서 알알이 떼어내고, 항아리를 준비한다.
2. 큰그릇에 오미자와 설탕을 넣고 고루 버무리고 항아리에 눌러 담는다.
3. 항아리 맨 위에 설탕으로 덮고 소금을 뿌린다.
4. 항아리 입구를 면보로 덮고 고무줄로 묶고 재료 명, 만든 날짜, 무게, 설탕의 양을 기록하여 항아리에 붙이고 설탕이 다 녹을 때까지 2~3일에 한 번씩 저어 재료를 위 아래로 뒤집어 준다.
   약 2~3개월 후 가스가 올라오지 않고 단내와 깊은 향이 올라와 발효가 잘되면 걸러서 저온에서 숙성시킨다.

1 설탕 넣기　2 항아리 넣기　3 소금 넣기　4 이름표 붙이기

오미자의 성분과 효능

오미자는 성질이 따뜻하고 맛은 시고 달다. 오미자는 달고, 쓰고, 맵고, 짜고, 신맛이 있어서 오미자(五味子)라고 한다. 그 중 신맛이 가장 강하며 입이 마르거나 갈증해소에 도움이 된다. 사과산(malic acid), 주석산(tartaric acid) 등의 여러 가지 유기산은 피로회복과 몸의 활력을 주어 심신을 안정시키고, 여름에 먹으면 오장육부의 기운을 크게 보한다. 폐기능을 보하여 기침, 가래, 만성기관지염 등 오래된 기침을 고치는 데도 효력이 있다.

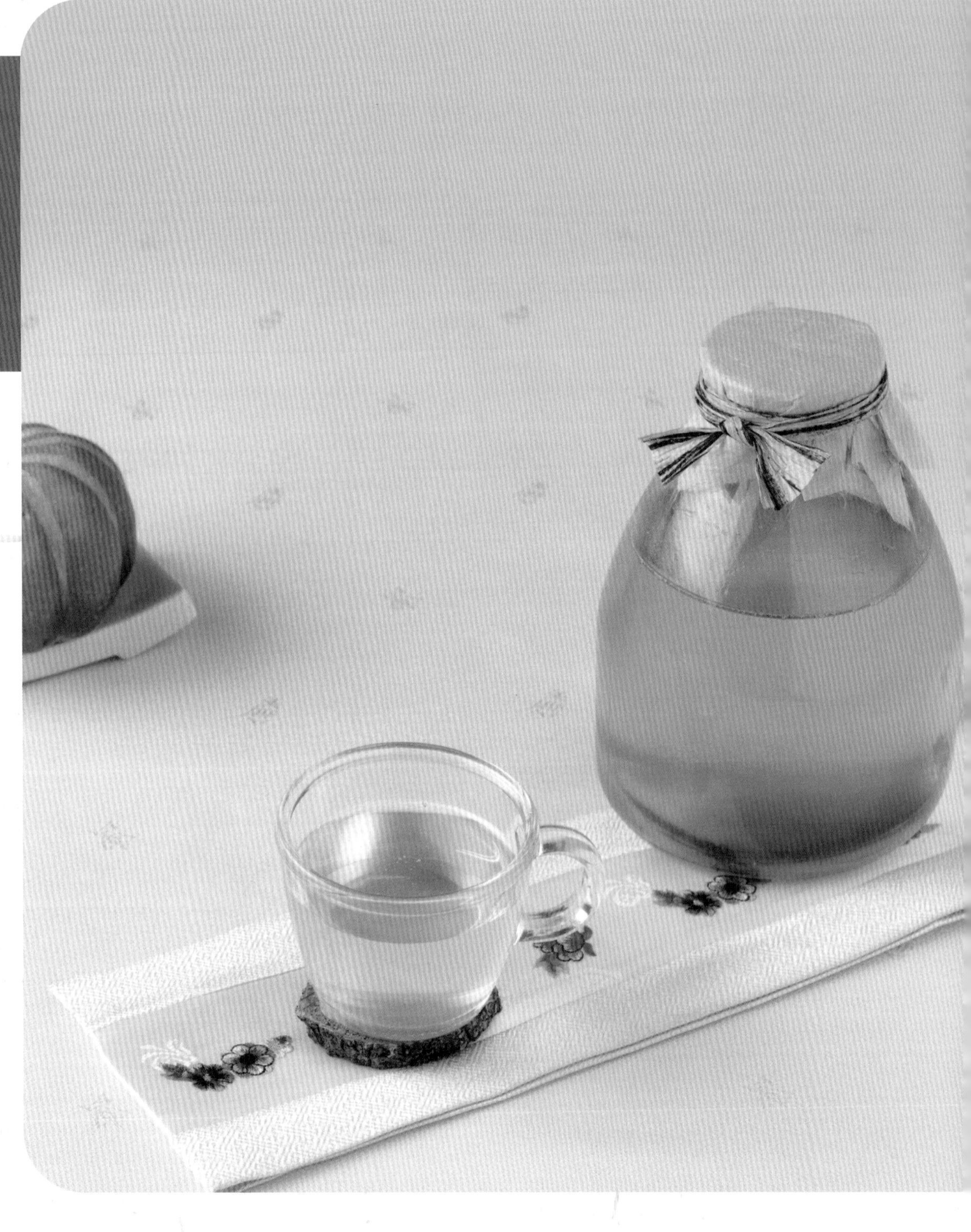

늙은호박 발효 효소액 만들기

재료 및 분량

- 늙은호박 5kg
- 흰설탕 4.5kg
- 덮는 흰설탕 500g
- 굵은소금 25g

준비물

- 소독된 항아리 • 면보
- 저울 • 고무줄 • 펜
- 큰그릇 • 소쿠리

만드는 법

1 누렇게 잘 익은 늙은 호박을 깨끗이 씻어 물기를 거두고 껍질째 씨와 함께 잘게 썰어 놓고 항아리도 준비한다.

2 큰그릇에 호박과 설탕을 넣고 고루 버무려 항아리에 꾹꾹 눌러 담고 항아리 맨 위를 설탕으로 덮고 소금을 뿌린다.

3 항아리 입구를 면보로 덮고 고무줄로 묶고 재료 명, 만든 날짜, 무게, 설탕의 양을 기록하여 항아리에 붙이고 설탕이 다 녹을 때까지 2~3일에 한 번씩 저으면서 재료를 위 아래로 뒤집어 준다.

4 약 2~3개월 후 가스가 올라오지 않고 단내와 깊은 향이 올라와 발효가 잘되면 걸러서 저온에서 숙성시킨다.

1 호박 자르기 2 항아리 넣기 3 저어 주기 4 효소 거르기

호박의 성분과 효능

호박은 성질이 따뜻하고 맛은 달며 독이 없다. 황색의 카로틴(carotene)은 폐암을 예방하며 활성탄소를 제거하여 노화를 예방한다. 또한 이뇨작용을 하여 부종을 낫게 하고, 배설을 촉진하여 노폐물을 없애준다. 출산 후 붓기를 내리는 효과가 있으며 카로틴이 풍부하여 피부미용에도 효과가 좋고 눈의 피로와 시력을 좋게 하는데 효과가 있다.

사과 발효 효소액 만들기

재료 및 분량

- 사과 5kg
- 흰설탕 4kg
- 덮는 흰설탕 500g
- 굵은소금 22g

준비물

- 소독된 항아리 • 면보
- 저울 • 고무줄 • 펜
- 큰그릇 • 소쿠리

만드는 법

1 싱싱하고 잘 익은 사과를 깨끗이 씻어 물기를 거두고 껍질째 잘게 썰고, 항아리를 준비한다.

2 큰그릇에 사과와 설탕을 넣고 고루 버무려 항아리에 눌러 담는다.

3 항아리 맨 위에 설탕으로 덮고 소금을 뿌린다.

4 항아리 입구를 면보로 덮고 고무줄로 묶고 재료 명, 만든 날짜, 무게, 설탕의 양을 기록하여 항아리에 붙이고 설탕이 다 녹을 때까지 2~3일에 한 번씩 저어 재료를 위 아래로 뒤집어 준다.

약 2~3개월 후 가스가 올라오지 않고 단내와 깊은 향이 올라와 발효가 잘되면 걸러서 저온에서 숙성시킨다.

1 씻기 2 항아리 넣기 3 소금 넣기 4 이름표 붙이기

사과의 효능

사과는 성질이 차고 맛은 달다. 섬유질이 많아 장을 자극하고 배변 활동을 돕는다. 펙틴(pectin)은 대장암 예방, 배변 촉진, 혈당량 조절, 콜레스테롤 감소 등의 역할을 하며, 비만, 당뇨, 동맥경화, 고혈압 등 성인병 예방에 효과적이다. 사과의 유기산은 위액 분비를 촉진하여 소화를 돕고 몸 안에 쌓인 피로를 풀어주며 피부미용에 좋은 것으로 알려져 있다. 마음을 안정시키고 수면을 도와주며 피부미용, 기억력 감퇴에도 도움이 된다.

미나리 발효 효소액 만들기

재료 및 분량

- 미나리 5kg
- 황설탕 4.5kg
- 덮는 황설탕 500g
- 굵은소금 25g

준비물

- 소독된 항아리 • 면보
- 저울 • 고무줄 • 펜
- 큰그릇 • 소쿠리

만드는 법

1. 신선한 돌미나리를 깨끗이 씻어 물기를 거두고 잘게 썰어 놓은 다음 항아리를 준비한다. 큰그릇에 설탕과 미나리를 넣고 고루 버무린다.
2. 항아리에 눌러 담고 항아리 맨 위에 설탕으로 덮고 소금을 뿌린다.
3. 항아리 입구를 면보로 덮고 고무줄로 묶고 재료 명, 만든 날짜, 무게, 설탕의 양을 기록하여 항아리에 붙이고 설탕이 다 녹을 때까지 2~3일에 한 번씩 저어 재료를 위 아래로 뒤집어 준다.
4. 약 2~3개월 후 가스가 올라오지 않고 단내와 깊은 향이 올라와 발효가 잘되면 걸러서 저온에서 숙성시킨다.

1 설탕 버무리기　2 항아리 넣기　3 저어주기　4 거르기

미나리의 성분 및 효능

미나리는 성질이 차고 맛은 달며 맵다. 알칼리성 식품으로 미나리의 찬 성질은 열이 나는 해열과 갈증해소에 좋다. 그리고 섬유질은 변비예방과 치료에 효과적이며 다이어트에도 도움이 된다. 간기능 향상에 좋은 작용을 하며 숙취 해소와 간경화에 효과가 있고 간의 피로를 덜어 황달과 두통, 어지러움 등에 좋다. 특히 해독작용이 뛰어나 우리 몸의 독소와 중금속 해독에 좋다. 향이 좋아 입맛을 돋구어 주는데 좋은 역할을 한다.

브로콜리 발효 효소액 만들기

재료 및 분량

- 브로콜리 5kg
- 황설탕 4k
- 덮는 황설탕 500g
- 굵은소금 22g

준비물

- 소독된 항아리 • 면보
- 저울 • 고무줄 • 펜
- 함지박 • 소쿠리

만드는 법

1. 신선한 브로콜리를 깨끗이 씻어 물기를 거두고 잘게 썰어 놓고, 항아리를 준비한다.
2. 큰그릇에 브로콜리와 설탕을 넣고 고루 버무리고 항아리에 눌러 담는다.
3. 항아리 맨 위에 설탕으로 덮고 소금을 뿌린다.
4. 항아리 입구를 면보로 덮고 고무줄로 묶고 재료 명, 만든 날짜, 무게, 설탕의 양을 기록하여 항아리에 붙이고, 설탕이 다 녹을 때까지 2~3일에 한 번씩 저어 재료를 위 아래로 뒤집어 준다.

   약 2~3개월 후 가스가 올라오지 않고 단내와 깊은 향이 올라오며 발효가 잘되면 걸러서 저온에서 숙성시킨다.

1 씻기 2 항아리 넣기 3 소금 넣기

4 한지 뚜껑 덮기

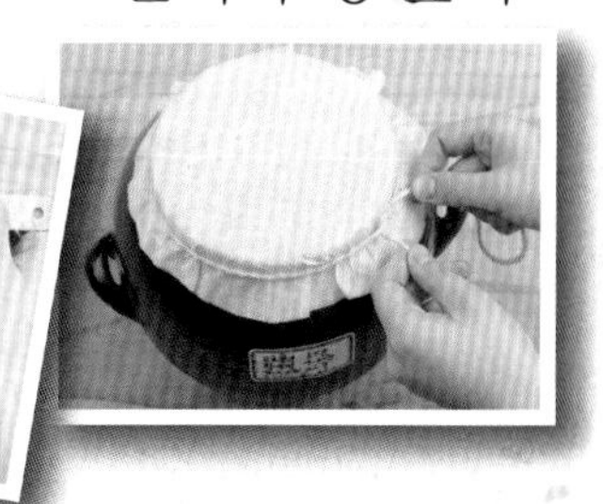

브로콜리의 성분 및 효능

브로콜리는 성질이 차고 맛은 달다. 저칼로리, 저열량의 높은 포만감으로 다이어트에 효과적이며 루테인(lutein)과 제아잔틴(Zeaxanthin)의 항산화 성분이 있어 백내장에 좋다. 칼슘 흡수를 돕는 비타민 C가 많아 골다공증 예방과 피부미용, 노화방지에 도움이 된다. 또한 엽산(folic acid)이 풍부해 임산부의 빈혈 예방에 많은 도움이 된다. 브로콜리에는 특히 셀레늄(selenium) 성분이 있어 항암작용에 좋다.

양배추 발효 효소액 만들기

재료 및 분량

- 양배추 5kg
- 흰설탕 4kg
- 덮는 흰설탕 500g
- 소금 22g

준비물

- 소독된 항아리 · 면보
- 저울, 고무줄 · 펜
- 큰그릇 · 소쿠리

만드는 법

1. 신선한 양배추를 깨끗이 씻어 물기를 거두고 재료를 잘게 썰어 놓고, 항아리를 준비한다.
2. 큰그릇에 양배추와 설탕을 넣고 고루 버무려 항아리에 넣고 눌러 담는다.
3. 항아리 맨 위에 설탕으로 덮고 소금을 뿌리고 항아리 입구를 면보로 덮고 고무줄로 묶고 재료 명, 만든 날짜, 무게, 설탕의 양을 기록하여 항아리에 붙인다.
4. 설탕이 다 녹을 때까지 2~3일에 한 번씩 저어주고 재료를 위 아래로 뒤집어 준다. 약 2~3개월 후 가스가 올라오지 않고 단내와 깊은 향이 올라와 발효가 잘되면 걸러서 저온에서 숙성시킨다.

1 씻기

2 항아리 넣기

3 소금 넣기

4 저어 주기

양배추의 성분 및 효능

양배추는 성질이 평하고 맛은 달다. 신장의 기능을 좋게 하고 근골을 강하게 한다.
양배추는 각종 암을 예방하는 항암성분을 많이 가지고 있으며 항궤양성 비타민 U는 위산으로부터 위벽을 보호하는데 탁월한 효과가 있다. 또한 비타민 K가 장의 출혈을 막고 골다공증과 동맥경화와 담석을 예방하며 위장을 튼튼하게 하고 소화를 도와 위궤양과 십이지장에도 좋다. 비타민 A, C가 풍부하여 피부미용에도 도움을 준다.

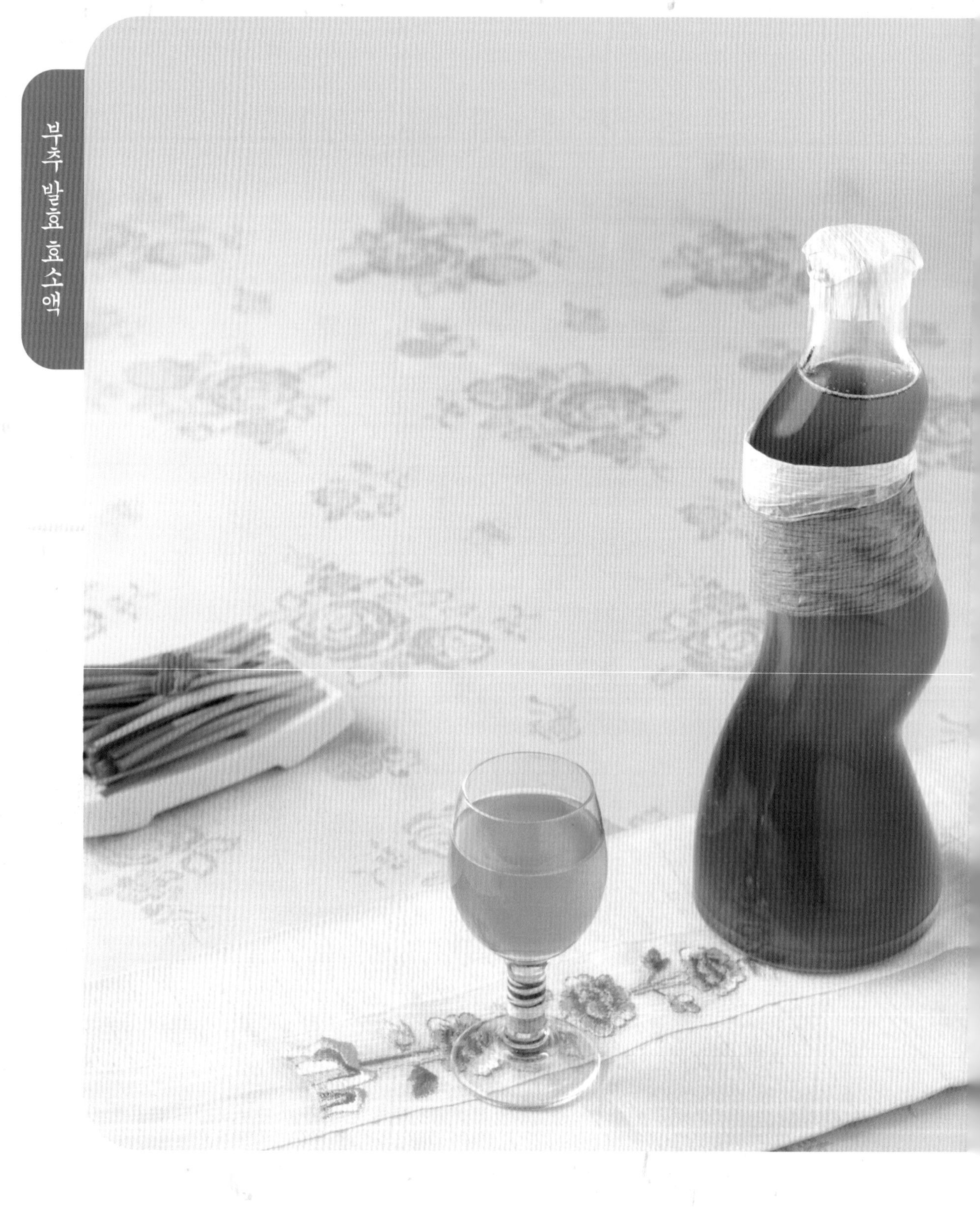

부추 발효 효소액 만들기

재료 및 분량

- 부추 5kg
- 황설탕 4kg
- 덮는 황설탕 500g
- 굵은소금 22g

준비물

- 소독된 항아리 • 면보
- 저울 • 고무줄 • 펜
- 큰그릇 • 소쿠리

만드는 법

1 신선한 부추를 잘 손질하여 깨끗이 씻은 후 물기를 거두고 잘게 썰어 놓고, 항아리를 준비한다.

2 큰그릇에 부추와 설탕을 넣고 고루 버무린다.

3 설탕에 버무린 부추를 항아리에 넣고 눌러 담는다.

4 항아리 맨 위에 설탕으로 덮고 소금을 뿌리고 항아리 입구를 면보로 덮어 고무줄로 묶은 후 재료 명, 만든 날짜, 무게, 설탕의 양을 기록하여 항아리에 붙이고 2~3일에 한 번씩 설탕이 다 녹을 때까지 저어 준다.

약 2~3개월 후 가스가 올라오지 않고 단내와 깊은 향이 올라와 발효가 잘되면 걸러서 저온에서 숙성시킨다.

1 씻기 2 설탕 넣기 3 항아리 넣기 4 소금 넣기

부추의 성분 및 효능

부추의 성질은 따뜻하고 맛은 맵다. 신장의 양기를 보하고 기운을 잘 통하게 하며 혈전을 풀어주고 해독작용을 한다. 토혈, 빈혈, 습관성 변비나 식도암, 위암에도 효과가 있다. 베타카로틴(β-carotene)이 호박의 4배 정도 많으며 방향 성분인 알릴설피이드(allylsulfide)는 위나 장을 자극하여 소화 효소를 분비하여 소화를 촉진한다. 특히 매운맛 성분이 살균작용을 한다.

샐러리 발효 효소액 만들기

재료 및 분량

- 샐러리 5kg
- 황설탕 4kg
- 덮는 황설탕 500g
- 굵은소금 22g

준비물

- 소독된 항아리 · 면보
- 저울 · 고무줄 · 펜
- 큰그릇 · 소쿠리

만드는 법

1 신선한 샐러리를 잘 손질하여 깨끗이 씻은 후 물기를 거둔 후 잘게 썰고, 항아리를 준비한다.

2 큰그릇에 썰어놓은 샐러리와 설탕을 넣고 고루 버무린다.

3 설탕에 버무린 샐러리를 항아리에 넣고 눌러 담는다.

4 항아리 맨 위에 설탕으로 덮고 소금을 뿌리고 항아리 입구를 면보로 덮어 고무줄로 묶은 후 재료 명, 만든 날짜, 무게, 설탕의 양을 기록하여 항아리에 붙이고 2~3일에 한 번씩 설탕이 다 녹을 때까지 저어 준다.

약 2~3개월 후 가스가 올라오지 않고 단내와 깊은 향이 올라와 발효가 잘되면 걸러서 저온에서 숙성시킨다.

1 씻기　2 설탕 넣기　3 항아리 넣기　4 소금 넣기

샐러리의 성분과 효능

샐러리는 성질이 차고 맛은 매우며 약간 쓰다. 비타민 B_1, B_2, C, 철분을 함유하고 있다. 간의 기운을 안정시키고 열을 내리며 지혈작용과 해독작용이 있다. 당뇨병, 신경염, 관상동맥장애 및 각종 결석증 예방 및 치료에 좋다. 식이섬유는 정장작용과 콜레스테롤을 낮추어 고혈압, 고지혈증, 동맥경화 등에도 좋다. 비타민 B와 C는 피로회복과 저항력을 길러주며 스태미너를 증진시키는데 도움을 준다.

승검초(당귀잎) 발효 효소액 만들기

재료 및 분량

- 승검초 5kg
- 황설탕 4kg
- 덮는 황설탕 500g
- 굵은소금 22g

준비물

- 소독된 항아리 · 면보
- 저울 · 고무줄 · 펜
- 큰그릇 · 소쿠리

만드는 법

1 신선한 승검초를 잘 손질하여 깨끗이 씻어 물기를 거둔 후 잘게 썰어놓고, 항아리를 준비한다.

2 큰그릇에 승검초와 설탕을 넣고 고루 버무린다.

3 설탕에 버무린 승검초를 항아리에 넣고 눌러 담고 항아리 맨 위에 설탕으로 덮고 소금을 뿌린다.

4 항아리 입구를 면보로 덮어 고무줄로 묶은 후 재료 명, 만든 날짜, 무게, 설탕의 양을 기록하여 항아리에 붙이고 2~3일에 한 번씩 설탕이 다 녹을 때까지 저어 준다.
약 2~3개월 후 가스가 올라오지 않고 단내와 깊은 향이 올라와 발효가 잘되면 걸러서 저온에서 숙성시킨다.

1 씻기 2 설탕 넣기 3 항아리 넣기 4 소금 넣기

승검초의 성분과 효능

승검초는 성질이 따뜻하며 맛은 달고 맵다. 소화기를 튼튼하게 하고 이뇨작용에 효과가 있다. 비타민 B_{12}와 엽산 성분은 혈액을 생성하여 잘 돌게 하여 통증을 완화시키는 작용이 있으며 골수를 재생시켜 조혈작용을 도와 빈혈에도 많은 도움을 준다. 그 밖에 진정 작용, 혈압강하 작용, 변비, 신경쇠약, 부인과질환 등의 증상에 효과가 있다.

쑥 발효 효소액 만들기

재료 및 분량

- 쑥 5kg
- 흰설탕 3.5kg
- 덮는 흰설탕 500g
- 굵은소금 20g

준비물

- 소독된 항아리 · 면보
- 저울 · 고무줄 · 펜
- 큰그릇 · 소쿠리

만드는 법

1 신선한 쑥을 잘 손질하여 다듬고 깨끗이 씻어 물기를 거두고, 항아리를 준비한다.

2 큰그릇에 쑥과 설탕을 넣고 고루 버무려 항아리에 넣고 눌러 담는다.

3 재료의 맨 위에 남겨 놓은 설탕으로 덮고 소금을 뿌린다.

4 항아리 입구를 면보로 덮고 고무줄로 묶고 재료 명, 만든 날짜, 무게, 설탕의 양을 기록하여 항아리에 붙이고, 설탕이 다 녹을 때까지 2~3일에 한 번씩 저어 재료를 위 아래로 뒤집어 준다.

약 2~3개월 후 가스가 올라오지 않고 단내와 깊은 향이 올라와 발효가 잘되면 걸러서 저온에서 숙성시킨다.

쑥의 성분과 효능

쑥의 성질은 따뜻하고 맛은 쓰다. 속을 따뜻하게 하여 냉을 쫓으며 습을 없애주고 지혈작용과 항균작용을 한다. 치네올(cineol), 콜린(choline), 아데닌(adenine) 등의 성분은 위를 튼튼하게 하기 때문에 식욕을 촉진하고 소화를 돕는다. 특히 부인과 질환에 좋고 혈액순환을 촉진하여 수족냉증, 신경통, 관절염에도 효과적이다. 암 예방과 노화방지, 고혈압, 간기능 보호작용, 살균작용을 하고 탈취작용의 효능이 있다.

표고버섯 발효 효소액

표고버섯 발효 효소액 만들기

재료 및 분량

- 표고버섯 5kg
- 황설탕 4.5kg
- 덮는 황설탕 500g
- 굵은소금 25g

준비물

- 소독된 항아리 · 면보
- 저울 · 고무줄 · 펜
- 큰그릇 · 소쿠리

만드는 법

1 신선한 생표고버섯을 깨끗이 씻어 물기를 거두고, 항아리를 준비한다.

2 큰그릇에 생표고버섯과 설탕을 넣고 고루 버무려 항아리에 담고 맨 위에 남은 설탕으로 덮고 소금을 뿌린다.

3 항아리 입구를 면보로 덮고 고무줄로 묶고 재료 명, 만든 날짜, 무게, 설탕의 양을 기록하여 항아리에 붙이고 설탕이 다 녹을 때까지 2~3일에 한 번씩 저으면서 재료를 위 아래로 뒤집어 준다.

4 약 4~5개월 후 가스가 올라오지 않고 단내와 깊은 향이 올라와 발효가 잘되면 걸러서 저온에서 숙성시킨다.

1 씻기 2 설탕 버무리기 3 저어주기 4 거르기

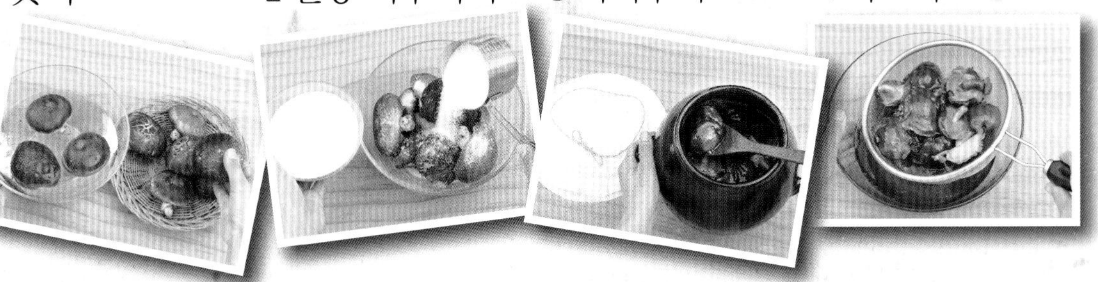

표고버섯의 성분과 효능

표고버섯은 성질이 평하고 맛은 달다. 항 종양성의 물질로 면역력을 증강시키고, 콜레스테롤이 축적되는 것을 막아주는 성분이 있어 고혈압과 동맥경화 예방에 좋다. 레티난(lentinan) 성분은 항암 효과에 좋으며, 혈액순환촉진과 심장기능강화, 간질환 등에 효과적이다. 칼로리가 거의 없어 다이어트식품으로도 좋다. 구아닐산(guanylic acid)과 아데닐산(adenylic acid)은 감칠맛을 주어 국물 맛을 내는 데 좋다.

쇠비름 발효 효소액 만들기

재료 및 분량

- 쇠비름 5kg
- 흰설탕 4kg
- 덮는 흰설탕 500g
- 굵은소금 23g

준비물

- 소독된 항아리 • 면보
- 저울 • 고무줄 • 펜
- 큰그릇 • 소쿠리

만드는 법

1 신선한 쇠비름을 깨끗이 씻어 물기를 거둔 후 잘게 썰고, 항아리를 준비한다.
2 큰그릇에 쇠비름과 설탕을 넣어 고루 버무린다.
3 설탕에 버무린 쇠비름을 항아리에 넣고 눌러 담고 항아리 맨 위에 설탕으로 덮고 소금을 뿌린다.
4 항아리 입구를 면보로 덮어 고무줄로 묶은 후 재료 명, 만든 날짜, 무게, 설탕의 양을 기록하여 항아리에 붙이고 2~3일에 한 번씩 설탕이 다 녹을 때까지 저어준다.
약 2~3개월 후 가스가 올라오지 않고 단내와 깊은 향이 올라와 발효가 잘되면 걸러서 저온에서 숙성시킨다.

1 씻기 2 설탕 넣기 3 항아리 넣기 4 소금 넣기

쇠비름의 성분 및 효능

쇠비름은 성질이 차고 맛은 시다. 오행초, 장명채, 마치채, 말비름이라고도 한다. 열을 내리고, 독을 풀며, 어혈을 없애고, 이뇨작용에 좋다. 또한 리그닌(lignin)과 몰리브덴(molybdenum) 등의 성분은 발암물질을 분리하여 항암효과에 좋다. 강심, 자궁수축, 혈압을 올리는 작용, 억균, 지혈, 피부병에도 효과적이다. 특히 필수지방산인 오메가3가 풍부해 스트레스와 알츠하이머, 치매를 예방하며 콜레스테롤이나 중성지방, 혈압을 낮추어 주는 등 각종 성인병에 좋은 역할을 한다.

산야초 발효 효소액

산야초 발효 효소액 만들기

재료 및 분량

- 산야초 5kg
- 흰설탕 3kg
- 덮는 흰설탕 500g
- 굵은소금 18g

준비물

- 소독된 항아리 · 면보
- 저울 · 고무줄 · 펜
- 큰그릇 · 소쿠리

만드는 법

1 약성이 좋은 산야초를 잘 손질하여 깨끗이 씻어 물기를 거둔 후 잘게 썰고, 항아리를 준비한다.

2 큰그릇에 산야초와 설탕을 넣고 고루 버무린 다음, 항아리에 넣고 눌러 담는다.

3 항아리 맨 위에 설탕으로 덮고 소금을 뿌린다.

4 항아리 입구를 면보로 덮어 고무줄로 묶은 후 재료 명, 만든 날짜, 무게, 설탕의 양을 기록하여 항아리에 붙이고 2~3일에 한 번씩 설탕이 다 녹을 때까지 저어준다.
약 6~7개월 후 가스가 올라오지 않고 단내와 깊은 향이 올라와 발효가 잘되면 걸러서 저온에서 숙성시킨다.

1 씻기

2 항아리 넣기

3 소금 넣기

4 이름표 붙이기

산야초의 성분 및 효능

산야초는 각각의 재료에 따라 다양한 효능과 면역력을 가지고 있으며 맛과 향이 특별하다. 또한 산야초는 무기염류가 많은 알칼리성 식품으로 체질개선과 노화방지, 정신적·육체적 피로회복, 장기능 강화 및 항암작용, 고혈압, 당뇨병, 심장병, 관절염 등 각종 질병의 예방 및 치료에 좋은 효과가 있다.

양파 발효 효소액

양파 발효 효소액 만들기

재료 및 분량

- 양파 5kg
- 흰설탕 4.5kg
- 덮는 흰설탕 500
- 굵은소금 25g

준비물

- 소독된 항아리 · 면보
- 저울 · 고무줄 · 펜
- 큰그릇 · 소쿠리

만드는 법

1 알이 크고 신선한 양파를 껍질째 깨끗이 씻어 물기를 거둔 후 재료를 잘게 썰고 항아리를 준비한다.

2 큰그릇에 썰어놓은 양파와 설탕을 넣고 고루 버무린다.

3 설탕에 버무린 양파를 항아리에 담고 항아리 맨 위에 설탕으로 덮고 소금을 뿌린다.

4 항아리 입구를 면보로 덮어 고무줄로 묶은 후 재료 명, 만든 날짜, 무게, 설탕의 양을 기록하여 항아리에 붙이고 2~3일에 한 번씩 설탕이 다 녹을 때까지 저어 준다.
약 2~3개월 후 가스가 올라오지 않고 단내와 깊은 향이 올라와 발효가 잘되면 걸러서 저온에서 숙성시킨다.

1 씻기

2 설탕 넣기

3 소금 넣기

4 저어 주기

양파의 성분과 효능

양파는 성질이 따뜻하고 맛은 달고 맵다. 양파의 퀘르세틴(quercetin)과 알릴설피이드(allylsulfide)는 콜레스테롤을 낮추어주고 혈전을 방지하며 고혈압과 당뇨병 등 성인병을 예방한다. 또한 동맥경화 등 심혈관 질환과 비만, 암에 효과가 있으며 항산화 작용으로 노화방지와 다이어트에도 효과적이다. 그리고 식욕부진, 위산부족에도 좋고, 비타민 C의 흡수를 도와 감기에도 효과가 있다.

비트 발효 효소액 만들기

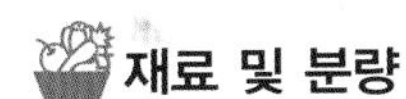

재료 및 분량

- 비트 5kg
- 흰설탕 3.5kg
- 덮는 흰설탕 500g
- 굵은소금 20g

준비물

- 소독된 항아리 • 면보
- 저울 • 고무줄 • 펜
- 큰그릇 • 소쿠리

만드는 법

1. 비트를 깨끗이 씻어 물기를 거둔 후 잘게 썰고, 항아리를 준비한다.
2. 큰그릇에 썰어놓은 비트와 설탕을 넣고 고루 버무린다.
3. 설탕에 버무린 비트를 항아리에 넣고 눌러 담는다.
4. 항아리 맨 위에 설탕으로 덮고 소금을 뿌리고 항아리 입구를 면보로 덮어 고무줄로 묶은 후 재료 명, 만든 날짜, 무게, 설탕의 양을 기록하여 항아리에 붙이고 2~3일에 한 번씩 설탕이 다 녹을 때까지 저어 준다.
   약 2~3개월 후 가스가 올라오지 않고 단내와 깊은 향이 올라와 발효가 잘되면 걸러서 저온에서 숙성시킨다.

1 씻기 2 설탕 넣기 3 항아리 넣기 4 이름표 붙이기

비트의 성분 및 효능

비트는 성질은 따뜻하고 맛은 달고 맵다. 베타인(betain)과 알카로이드(alkaloid) 는 이뇨작용과 암 예방에 좋다. 섬유질이 많아 노폐물 제거와 변비의 치료와 개선효과가 있다. 그리고 비타민과 미네랄은 면역력 강화를 도와 피로와 스트레스 해소에 도움이 된다. 특히 철분이 많지는 않지만 효능이 커서 적혈구의 생성 및 혈액 조절, 만성빈혈에도 효과가 있다.

마늘 발효 효소액 만들기

재료 및 분량

- 마늘 5kg
- 흰설탕 3.kg
- 덮는 흰설탕 500g
- 굵은소금 18g

준비물

- 소독된 항아리 · 면보
- 저울 · 고무줄 · 펜
- 큰그릇 · 소쿠리

만드는 법

1 알이 굵고 단단한 6쪽 마늘을 겉껍질을 벗기고 통째로 깨끗이 씻어 물기를 거둔 후 껍질째 잘게 썰어 놓고 항아리를 준비한다.

2 큰그릇에 썰어 놓은 마늘과 설탕을 넣고 고루 버무려 항아리에 담고 맨 위에 남은 설탕으로 덮고 소금을 뿌린다.

3 항아리 입구를 면보로 덮고 고무줄로 묶고 재료 명, 만든 날짜, 무게, 설탕의 양을 기록하여 항아리에 붙이고 설탕이 다 녹을 때까지 2~3일에 한 번씩 저으면서 재료를 위 아래로 뒤집어 준다.

4 약 6~7개월 후 가스가 올라오지 않고 단내와 깊은 향이 올라와 발효가 잘되면 걸러서 저온에서 숙성시킨다.

1 씻기 2 항아리 담기 3 저어주기 4 거르기

마늘의 성분 및 효능

마늘은 성질이 따뜻하고 맛은 맵다. 알리신(allicin)은 강력한 살균작용과 항균작용을 하며 세균의 발육을 억제하고 항암효과가 있다. 혈액순환을 촉진하여 몸을 따뜻하게 한다. 그리고 배가 차면서 통증이 있거나 이질, 설사, 폐결핵, 백일해, 감기에 효과가 있으며 동맥경화, 심근경색, 당뇨병, 암, 비만증에 좋고 또한 수은 중독에도 효과가 있다.

우엉 발효 효소액

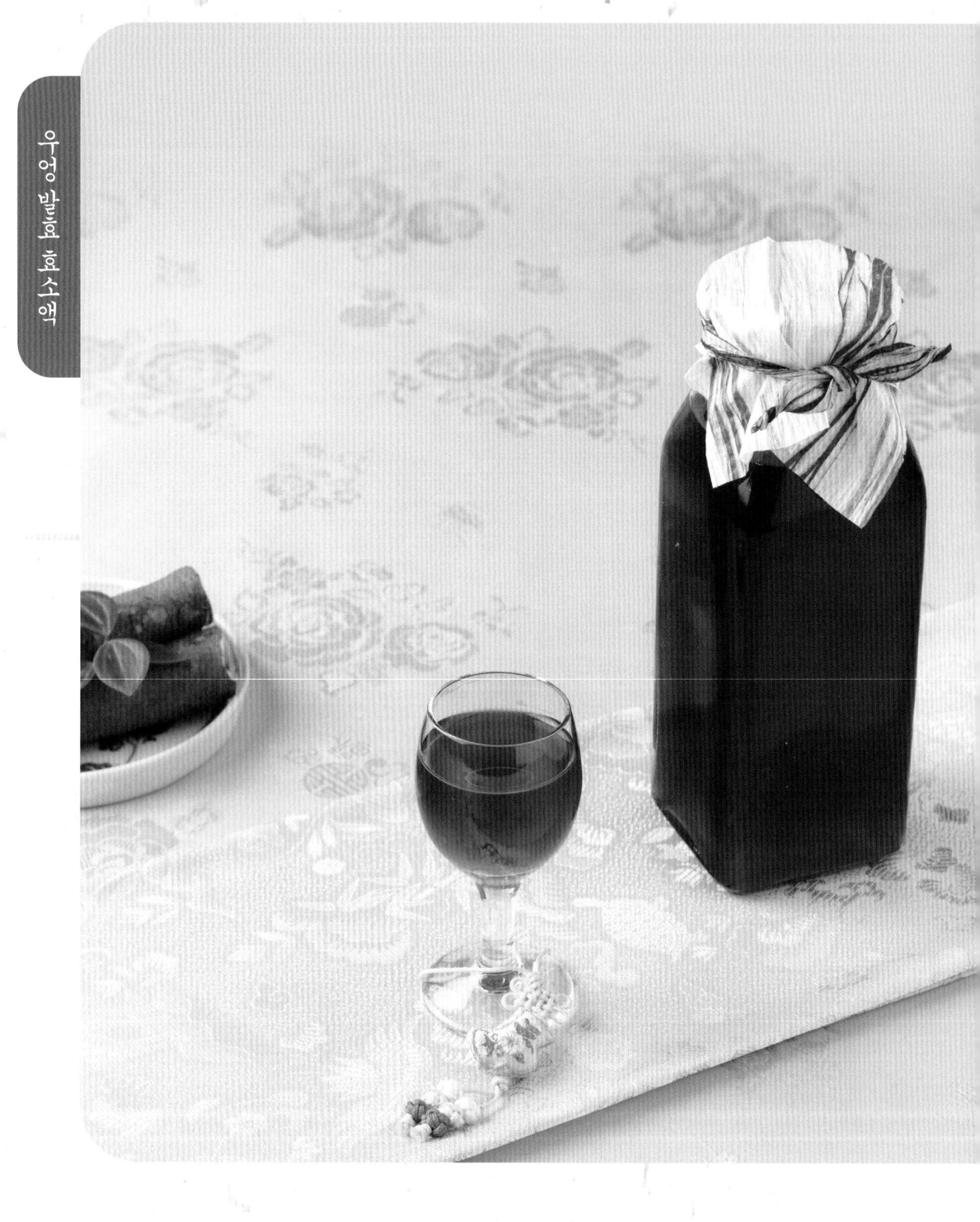

우엉 발효 효소액 만들기

재료 및 분량

- 우엉 5kg
- 황설탕 3.5kg
- 덮는 황설탕 500g
- 굵은소금 20g

준비물

- 소독된 항아리 · 면보
- 저울 · 고무줄 · 펜
- 큰그릇 · 소쿠리

만드는 법

1 신선한 우엉을 깨끗이 씻어 물기를 거둔 후 껍질째 잘게 썰고 항아리를 준비한다.
2 큰그릇에 우엉과 설탕을 넣고 고루 버무려 항아리에 넣고 눌러 담는다.
3 항아리 맨 위에 설탕으로 덮고 소금을 뿌린다.
4 항아리 입구를 면보로 덮어 고무줄로 묶은 후 재료 명, 만든 날짜, 무게, 설탕의 양을 기록하여 항아리에 붙이고 2~3일에 한 번씩 설탕이 다 녹을 때까지 저어준다.
약 2~3개월 후 가스가 올라오지 않고 단내와 깊은 향이 올라오며 잘 발효가 되면 걸러서 저온에서 숙성시킨다.

1 씻기 2 항아리 넣기 3 소금 넣기 4 이름표 붙이기

우엉의 성분 및 효능

우엉은 성질이 차고 맛은 약간 쓰고 달다. 열을 내리고 해독작용이 있어 인후통과 종기에 효과적이며 기침을 멈추게 한다. 우엉근과 우엉잎은 모두 감기에 효과가 있다. 이눌린(inulin) 성분은 신장과 당뇨병, 심장병, 위장병, 피부병에 효과적이며 리그닌(lignin)이란 섬유질이 많아 장 속의 독소나 숙변을 제거해 주어 대장암과 다이어트에도 좋다.

연근 발효 효소액 만들기

재료 및 분량

- 연근 5kg
- 황설탕 3.5kg
- 덮는 황설탕 500g
- 굵은소금 20g

준비물

- 소독된 항아리 · 면보
- 저울 · 고무줄 · 펜
- 큰그릇 · 소쿠리

만드는 법

1 신선한 연근을 통째로 깨끗이 씻어 물기를 거둔 후 껍질째 잘게 썰고 항아리를 준비한다.

2 큰그릇에 자른 연근과 설탕을 넣고 고루 버무려 항아리에 넣고 눌러 담는다.

3 항아리의 맨 위에 설탕으로 덮고 소금을 뿌려준다.

4 항아리 입구를 면보로 덮어 고무줄로 묶은 후 재료 명, 만든 날짜, 무게, 설탕의 양을 기록하여 항아리에 붙이고 2~3일에 한 번씩 설탕이 다 녹을 때까지 저어 준다.
약 5~6개월 후 가스가 올라오지 않고 단내와 깊은 향이 올라와 발효가 잘되면 걸러서 저온에서 숙성시킨다.

1 설탕 넣기 2 항아리 넣기 3 소금 넣기 4 이름표 붙이기

연근의 성분 및 효능

연근은 성질이 생것은 시원하고 익히면 따뜻해지며 맛은 달다. 비만과 당뇨에 좋으며, 식이섬유가 많아 변비와 나트륨 배설작용을 한다. 풍부한 비타민은 스트레스 해소에 좋고 칼륨은 고혈압에 좋은 작용을 하며, 뮤신(mucin)과 탄닌은 위벽 보호작용, 해독작용, 지혈효과와 항산화작용 등도 효과적이다. 지방 대사작용을 촉진하여 콜레스테롤을 낮추어 성인병 예방에 좋다.

도라지 발효 효소액

도라지 발효 효소액 만들기

재료 및 분량

- 도라지 5kg
- 황설탕 3.5kg
- 덮는 황설탕 500g
- 굵은소금 20g

준비물

- 소독된 항아리 · 면보
- 저울, 고무줄 · 펜
- 큰그릇 · 소쿠리

만드는 법

1. 신선한 도라지를 껍질째 깨끗이 씻어 물기를 거둔 후 잘게 썰어 믹서에 갈고, 항아리를 준비한다.
2. 큰그릇에 갈아 놓은 도라지와 설탕을 넣고 골고루 잘 버무린다.
3. 설탕에 잘 버무려진 도라지를 항아리에 담는다.
4. 항아리의 맨 위에 설탕으로 덮고 소금을 뿌린 후 항아리 입구를 면보로 덮어 고무줄로 묶은 후 재료 명, 만든 날짜, 무게, 설탕의 양을 기록하여 항아리에 붙이고 2~3일에 한 번씩 설탕이 다 녹을 때까지 저어준다.
   약 5~6개월 후 가스가 올라오지 않고 단내와 깊은 향이 올라와 발효가 잘되면 걸러서 저온에서 숙성시킨다.

1 믹서 갈기 2 설탕 넣기 3 항아리 넣기 4 소금 넣기

도라지 성분과 효능

도라지는 성질이 따뜻하며 달고 쓰다. 알칼리성 식품으로 "길경"이라 하여 호흡기질환의 치료에 좋다. 사포닌 성분은 폐를 맑게 하고 가슴을 시원하게 해주며 기침, 천식, 기관지염, 알레르기와 폐결핵, 폐암 등의 기침에 효과적이다. 또한 용혈작용이 있어 목 안과 위의 점막을 자극하여 가래삭임과 항염작용, 혈관확장작용 등에 좋다. 스테로이드(steroid) 계통의 물질은 혈액 속의 콜레스테롤을 분해시키는데 도움을 주어 성인병 예방에 효과적이다.

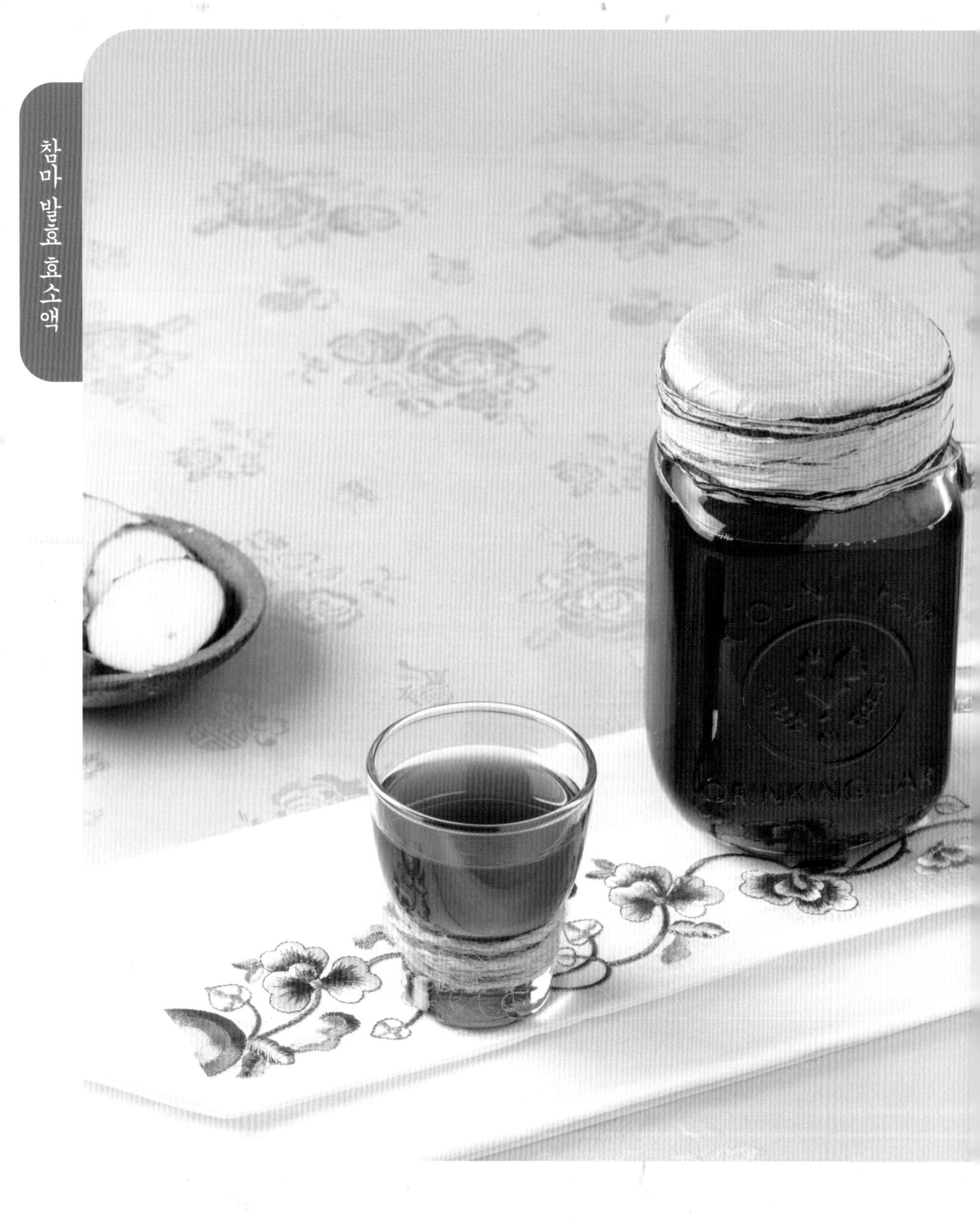

참마 발효 효소액 만들기

재료 및 분량

- 참마 5kg
- 황설탕 3.5kg
- 덮는 황설탕 500g
- 굵은소금 20g

준비물

- 소독된 항아리
- 면보 • 저울 • 고무줄
- 펜 • 큰그릇 • 소쿠리

만드는 법

1 단단하고 신선한 참마를 손질하여 통째로 깨끗이 씻어 물기를 거둔 후 잘게 썰어 믹서에 갈고 항아리를 준비한다.

2 큰그릇에 참마와 설탕을 넣고 고루 버무린다.

3 설탕에 버무려진 참마를 항아리에 담는다.

4 항아리의 맨 위에 설탕으로 덮고 소금을 뿌리고 항아리 입구를 면보로 덮어 고무줄로 묶은 후 재료 명, 만든 날짜, 무게, 설탕의 양을 기록하여 항아리에 붙이고 2~3일에 한 번씩 설탕이 다 녹을 때까지 저어준다.
약 5~6개월 후 가스가 올라오지 않고 단내와 깊은 향이 올라와 발효가 잘되면 걸러서 저온에서 숙성시킨다.

1 믹서갈기

2 설탕 넣기

3 항아리 넣기

4 소금 넣기

참마의 성분과 효능

참마는 따뜻하고 맛이 달며 독이 없다. 기억력 향상과 오장의 기능을 활성화하며 번열, 야뇨증에 좋고 뮤신은 정력증강에 도움을 준다. 또한 디아스타제(diastase)는 뛰어난 소화력을 가지고 있다. 식욕을 돋구어 주고 지사(止瀉) 작용을 하며 폐장의 기능을 도와 오래된 기침에 효과가 있다. 당뇨병이나 신장의 기능을 도와주며 병후 기력회복과 체력증진에 효과가 좋다.

생강 발효 효소액 만들기

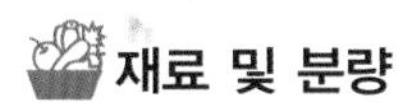

재료 및 분량

- 생강 5kg
- 흰설탕 4kg
- 굵은소금 20g

준비물

- 소독된 항아리 • 면보
- 저울 • 고무줄 • 펜
- 큰그릇 • 소쿠리

만드는 법

1 신선한 생강을 껍질째 깨끗이 씻어 물기를 거두어 잘게 썰어놓고 항아리를 준비한다.

2 큰그릇에 썰어 놓은 생강과 설탕을 넣고 고루 버무려 항아리에 담고, 맨 위에 남은 설탕으로 덮고 소금을 뿌려준다.

3 항아리 입구를 면보로 덮고 고무줄로 묶고 재료 명, 만든 날짜, 무게, 설탕의 양을 기록하여 항아리에 붙이고 설탕이 다 녹을 때까지 2~3일에 한 번씩 저으면서 재료를 위 아래로 뒤집어 준다.

4 약 4~5개월 후 가스가 올라오지 않고 단내와 깊은 향이 올라와 발효가 잘되면 걸러서 저온에서 숙성시킨다.

1 씻기 2 항아리 넣기 3 저어 주기 4 거르기

생강의 성분과 효능

생강은 성질이 약간 따뜻하고 맛은 매우며 독이 없다. 진저롤(gingerol)과 쇼가올(shogaol)은 강한 살균력과 항균효과가 있으며, 혈전을 방지하고 혈중 콜레스테롤을 낮추어 동맥경화나 심장병 등의 혈관질환을 예방한다. 또한 생강의 신미 성분은 항산화작용, 해열과 진통에 효과가 있으며 기침, 발열, 목통증 등의 감기치료에도 효과가 있다.

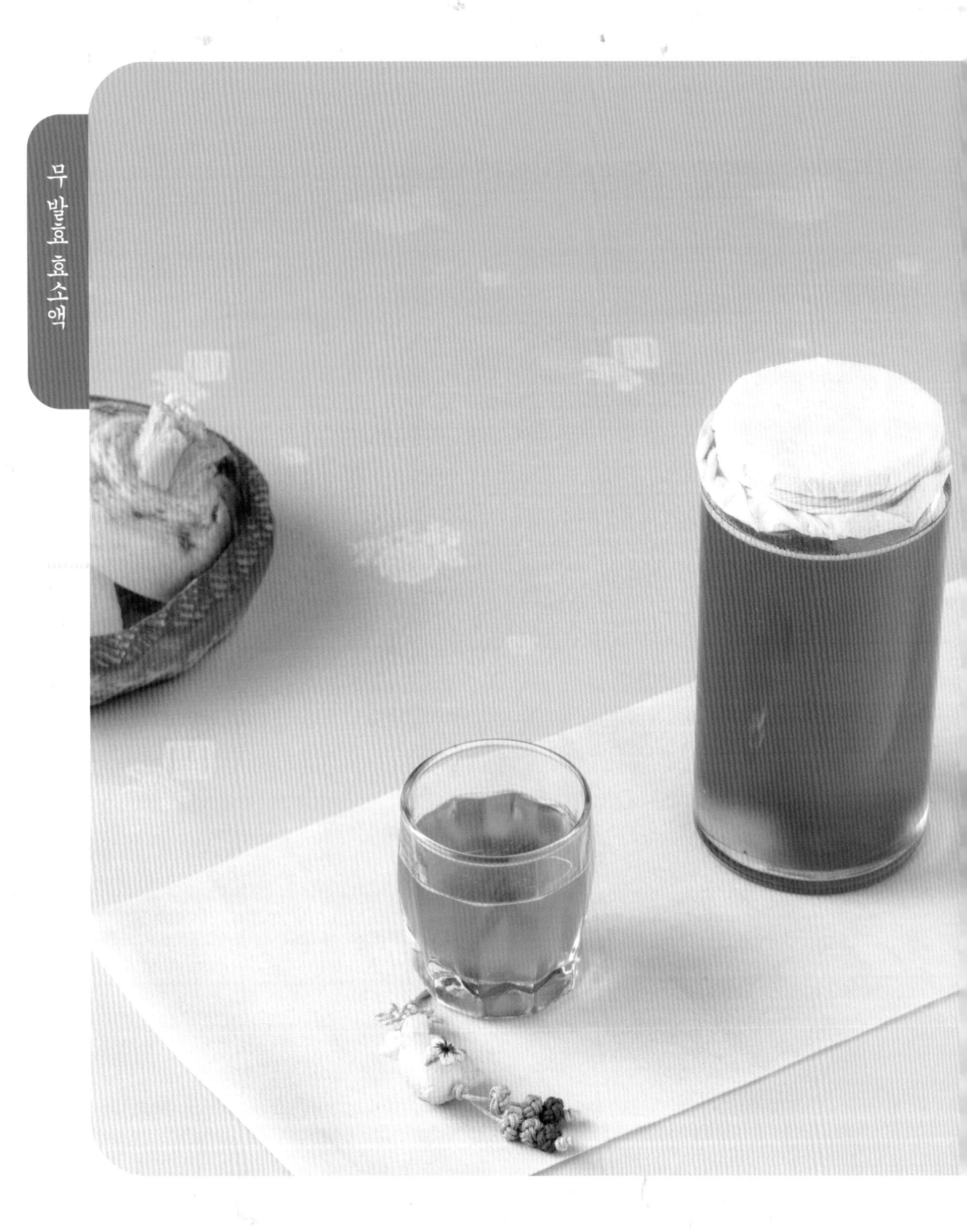
무 발효 효소액

무 발효 효소액 만들기

재료 및 분량

- 무 5kg
- 황설탕 5kg
- 굵은소금 25g

준비물

- 소독된 항아리 · 면보
- 저울 · 고무줄 · 펜
- 큰그릇 · 소쿠리

만드는 법

1. 무를 깨끗이 씻어 물기를 거둔 후 껍질째 잘게 썰어 놓고 항아리를 준비한다.
2. 큰그릇에 썰어 놓은 무와 설탕을 넣고 고루 버무려 항아리에 담고 맨 위에 설탕으로 덮고 소금을 뿌린다.
3. 항아리 입구를 면보로 덮고 고무줄로 묶고 재료 명, 만든 날짜, 무게, 설탕의 양을 기록하여 항아리에 붙이고, 설탕이 다 녹을 때까지 2~3일에 한 번씩 저으면서 재료를 위 아래로 뒤집어 준다.
4. 약 2~3개월 후 가스가 올라오지 않고 단내와 깊은 향이 올라와 발효가 잘되면 걸러서 저온에서 숙성시킨다.

1 설탕 버무리기 2 항아리 넣기 3 저어주기 4 거르기

무의 성분과 효능

무는 성질이 따뜻하며 달고 맵다. 디아스타제(diastase)라는 소화 효소는 소화를 촉진하며 위를 튼튼하게 한다. 무에는 리그닌(lignin)이라는 식이섬유가 풍부하여 변비를 예방하며 장내 노폐물을 배출해 주어 대장암을 예방한다. 비타민 A와 C는 숙취해소와 피부미용, 노화방지에도 도움을 준다. 특히 무의 껍질에 비타민 C가 풍부해 껍질째 섭취하는 것이 좋다.

酵素

3부

효소를 이용한 음식 만들기

효소맛간장

재료 및 분량

- 진간장 5컵

향채

- 사과 ½개 · 양파 ½개
- 생강 20g · 마늘 50g
- 마른고추 3개
- 마른표고버섯 5개
- 대파 1개 · 통후추 1큰술
- **표고버섯 효소액 4컵**
- 녹차 우린물 1컵 (녹차 2g : 물 1컵)
- 조리용 술 1컵

만드는 법

1 사과와 양파, 생강, 마늘은 껍질 째 깨끗이 씻어 잘게 썰고, 마른 고추와 마른 표고는 행주로 깨끗이 닦고, 대파는 껍질을 벗기고 깨끗이 씻은 후 뿌리까지 5㎝ 길이로 썰어 향채를 만든다.

2 냄비에 진간장과 향채를 넣는다.

3 ②의 재료에 표고버섯 효소액을 같이 넣고 센불에 올려 끓기 시작하면 약불로 줄여 끓여서 간장이 끈적일 정도까지 2시간 정도 달인다.

4 달인 간장을 체에 걸러 건지를 건져내고 보관하여 사용한다.

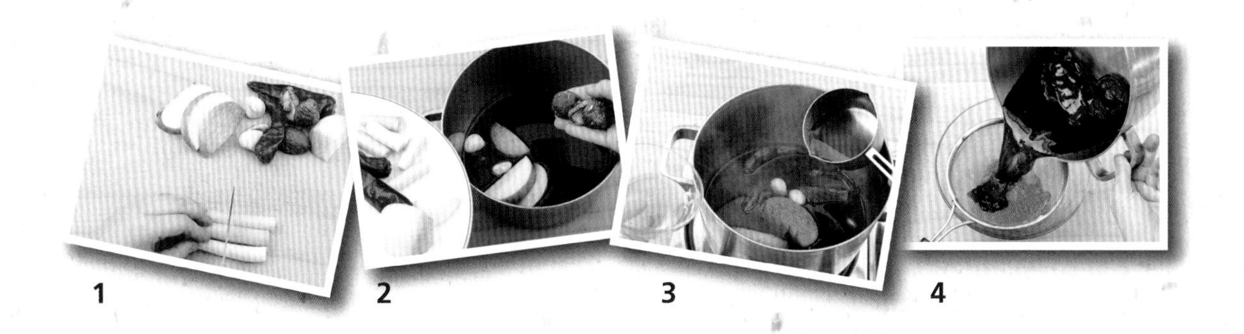

- 달여진 간장을 식혀두고 불고기조림 등 맛간장으로 활용한다.
- 물과 효소를 더 첨가해 국간장(청장)으로 만들어도 좋다.
- 녹차가 들어가 잡내를 잡아주고 부패를 지연해 준다.

※ 녹차 간장 만드는 법은 보통 간장 담듯이 하고 마지막 과정에 녹차를 넣는다. 40일 정도 지나 간장을 거른 후 녹차 효소액을 첨가하여 2차숙성시킨다.

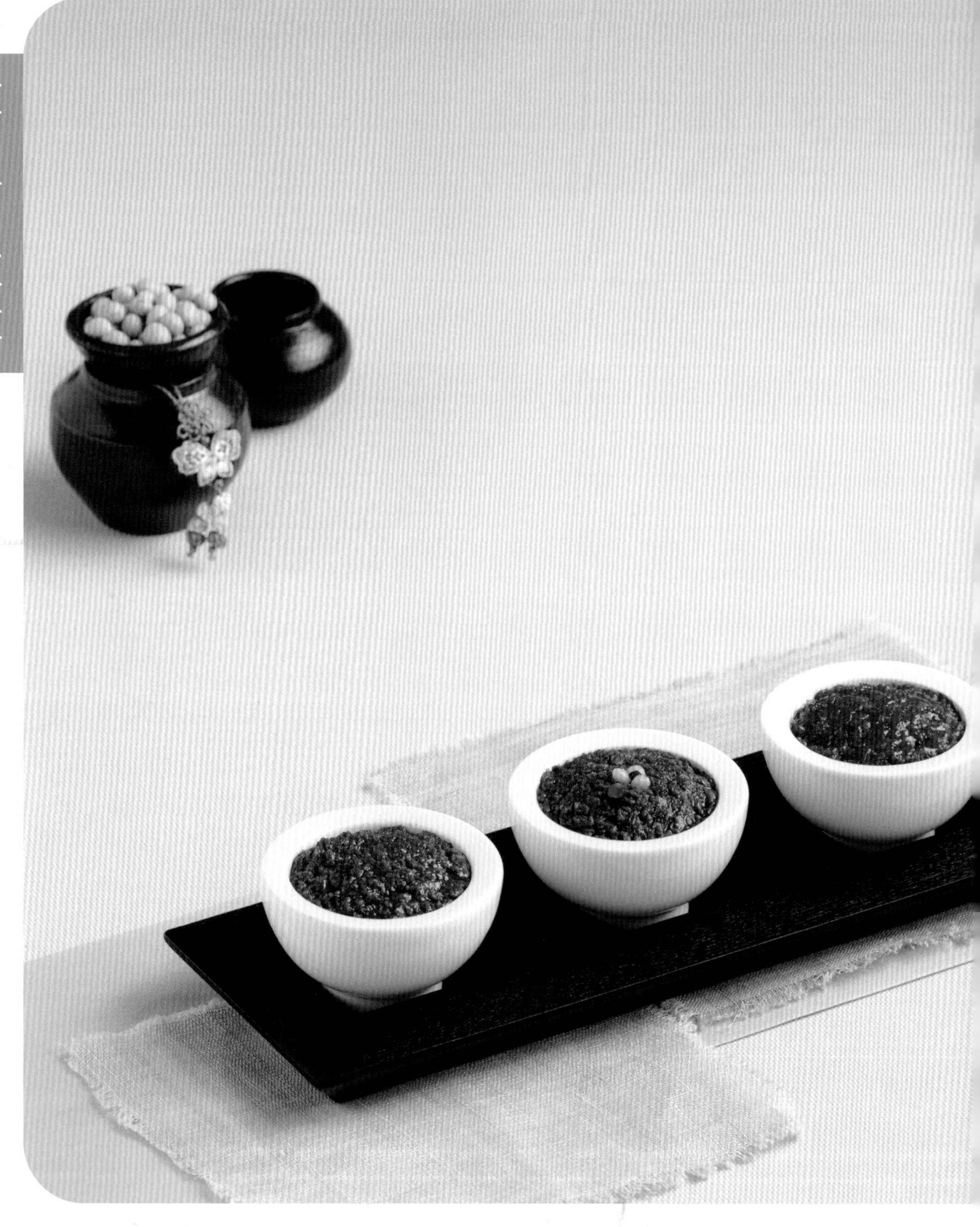

산야초막장

재료 및 분량

• 메줏가루 1kg • 보릿가루 300g • 엿기름 400g, 물 3,600㎖ • 고추씨가루 80g
• 표고버섯가루 50g • **산야초가루 100g** • **산야초 효소액 500㎖** • 녹차 30g • 소금 3컵

만드는 법

1 메주는 깨끗이 씻어 잘게 쪼개서 3~4일 정도 햇볕에 말린 후 굵게 가루로 빻는다. 보리는 물에 씻어 말려 가루로 빻는다.
2 면주머니에 엿기름을 넣고 큰그릇에 담아 물을 부어 주물러서 엿기름물을 만든 다음, 준비한 보릿가루를 넣고 삭힌다.
3 삭힌 엿기름물을 센불에 올려 끓으면 중불로 낮추어 1/3 정도가 되도록 졸여 보리죽을 만든다.
4 보리죽이 식으면 메줏가루와 고추씨가루, 표고버섯가루, 산야초가루, 산야초효소액, 소금을 넣어 잘 섞은 다음, 소독한 항아리에 눌러 담고 맨 위에 녹차를 뿌려 면보를 씌우고, 볕이 잘 들며 바람이 잘 통하는 곳에 두고 뚜껑을 자주 열어 2~3개월 정도 숙성시킨다.

연근된장

재료 및 분량

• 메주 1말(간장거른메주) • 연근가루 300g • 삶은 메주콩 1kg • 간장즙액 2ℓ • **연근효소액 1ℓ**
• 굵은소금 약간 • 고추씨가루 200g • 녹차잎 50g

만드는 법

1 40~60일 정도 잘 숙성된 간장을 메주건지와 간장을 분리한다.
2 연근가루와 삶은 메주콩, 간장, 연근효소액를 준비한다.
3 간장 거른 메주에 ②의 재료와 소금, 고추씨가루 등을 넣고 고루 버무린다.
4 항아리에 꾹꾹 눌러담고, 위에 녹차를 뿌리고 면보를 씌워 볕이 잘 들며 바람이 잘 통하는 곳에 두고, 뚜껑을 자주 열어 2~3개월 정도 숙성시킨다.

산야초청국장쌈장

재료 및 분량

• 청국장 1컵, 된장 4큰술 • 고추장 4큰술 • 양파 1/4개 • 배 1/4개

양념 • 견과류(호박씨, 호두 해바라기씨) $\frac{1}{2}$컵 • **산야초 효소액 200㎖** • 다진마늘 4큰술
• 통깨 4큰술 • 다진 청양고추 2큰술 • 참기름 2큰술 • **산야초가루 50g** • 표고버섯가루 2큰술 • 녹차(작설차) 5g

만드는 법

1 견과류는 마른행주로 닦아 굵게 다진다.
2 양파와 배는 껍질을 벗기고 잘게 썰어 믹서에 간다.
3 그릇에 청국장과 된장, 고추장, 다진 견과류와 갈아놓은 양파와 배를 넣고 산야초효소액을 넣는다.
4 재료가 잘 섞어지면 나머지 양념 재료를 넣고 잘 혼합하여 용기에 담아 냉장고에 두고 먹는다.

표고버섯효소
카레덮밥

표고버섯효소카레덮밥

재료 및 분량

- 현미쌀 2컵
- 두부 100g
- 불린 표고버섯 2개
- 청·홍·노랑 파프리카 $\frac{1}{2}$개씩
- 빨강 파프리카 $\frac{1}{4}$개
- 소금 $\frac{1}{8}$작은술

소스

- 카레가루 2큰술
- **표고버섯 효소액 1큰술**
- 물 1컵

만드는 법

1. 현미를 미지근한 물에 7~8시간 이상 불려 고슬고슬하게 밥을 짓는다.
2. 두부와 표고버섯, 청·홍·노랑색 파프리카는 깨끗이 손질하여 가로, 세로 1cm 정도의 크기로 썬다.
3. 달구어진 팬에 식용유를 두르고 두부를 노릇하게 지진 다음, 나머지 썰어놓은 채소를 넣고 볶는다. 물에 카레와 표고버섯 효소액을 함께 잘 풀어 넣고 더 끓인다.
4. 밥을 모양 있게 담고 볶아진 카레를 한 옆에 얹어낸다.

1 2 3 4

tip

- 현미는 충분히 불려야 밥이 부드럽게 된다.
- 밥이 너무 질지 않게 하고 뜸을 푹 들인다.
- 잘 숙성되고 향이 강하지 않은 산야초 효소 발효액을 이용한다.

효소청국장비빔밥

효소청국장비빔밥

재료 및 분량

- 밥 4공기 · 애호박 200g($\frac{1}{2}$개)
- 당근 200g($\frac{1}{2}$개) · 양파 $\frac{1}{2}$개
- 소금 $\frac{1}{2}$작은술 · 불린표고 5장
- 두부 $\frac{1}{2}$모
- 쇠고기 50g · 새싹(기호에 맞게)
- 식용유 2큰술

효소 청국장

- 청국장 4큰술
- **양파효소액고추장 2큰술**
- 깨소금 1큰술 · 참기름 2큰술
- 마늘 1큰술 · **양파효소액 2큰술**
- 표고가루 1큰술 · 녹차잎 3g

쇠고기 밑간

- 간장 1큰술 · 설탕 $\frac{1}{2}$작은술
- 참기름 $\frac{1}{2}$작은술

불린표고 밑간

- 소금 $\frac{1}{8}$작은술 · 참기름 $\frac{1}{2}$큰술

만드는 법

1. 애호박과 당근, 양파는 손질하여 깨끗이 씻고 불린 표고와 두부와 함께 길이 6cm, 폭 0.5cm 정도로 채 썬다.
2. 달구어진 팬에 식용유를 두르고 각각의 재료들을 넣고 센불에서 살짝 볶다가 소금을 넣는다. 채썬 표고와 쇠고기는 밑간하여 볶는다.
3. 그릇에 양념장 재료를 넣어 잘 혼합한다.
4. 완성그릇에 밥을 담아 볶아놓은 재료를 돌려 담고, 그 위에 효소청국장을 올린다.

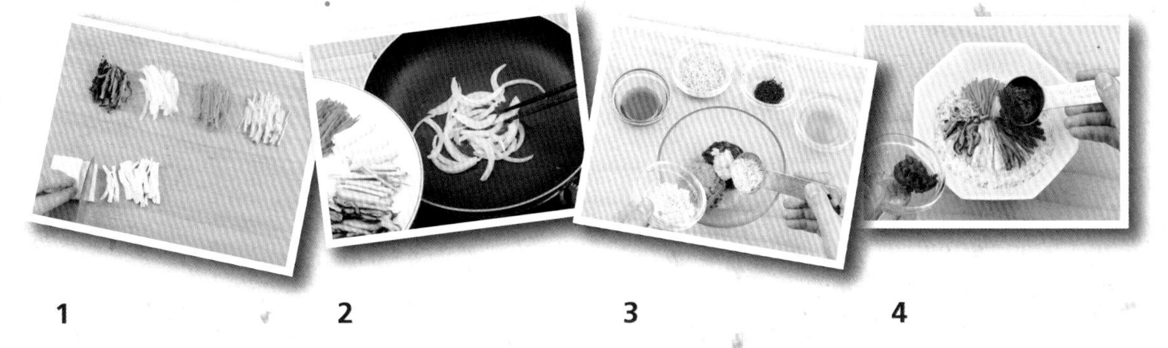

1 2 3 4

tip

- 표고 대신 다른 버섯을 사용해도 좋다.
- 채소는 구하기 쉬운 제철채소를 이용하면 좋다.
- 효소청국장은 열을 가하지 않고 먹으므로 유산균이 파괴되지 않아 좋다.

산야초된장쌈밥

산야초된장쌈밥

재료 및 분량

- 불린 쌀 2컵 · 물 $2\frac{1}{2}$컵
- 불린 표고버섯 2개
- **산야초(뽕잎, 명아주 망초대잎 등) 삶은 것 50g**

된장양념장

- 된장 3큰술 · 다진 양파 1큰술
- 물 2큰술
- **산야초 효소액 2큰술**
- 들기름 1큰술
- 표고버섯가루 1큰술

산야초양념

- 간장 $\frac{1}{4}$큰술
- 참기름 $\frac{1}{2}$작은술

만드는 법

1. 불린 표고버섯은 0.5cm 네모로 썰고, 삶은 산야초 ½은 잎이 넓은 것으로 골라놓고, 나머지 ½은 잘게 다진 다음 산야초 양념을 넣고 무친다.
2. 불린 쌀에 산야초와 표고를 넣고 밥을 짓는다.
3. 분량의 된장양념장 재료를 잘 혼합하여 양념장을 만든다.
4. 양념한 산야초잎은 넓게 펴서 그 위에 밥을 놓고 한 입 크기로 말아서 쌈밥을 만들고 된장양념과 함께 낸다.

1 2 3 4

tip

- 산야초는 계절별 신선한 재료로 사용하는 것이 좋다.
- 쌈밥 모양은 여러 가지로 만들 수 있으며 주먹밥 모양으로 만들어도 좋다.
- 쌈밥 속에 양념장을 넣어 만들기도 한다.
- 참기름이나 들기름은 기호에 따라 가감할 수 있다.

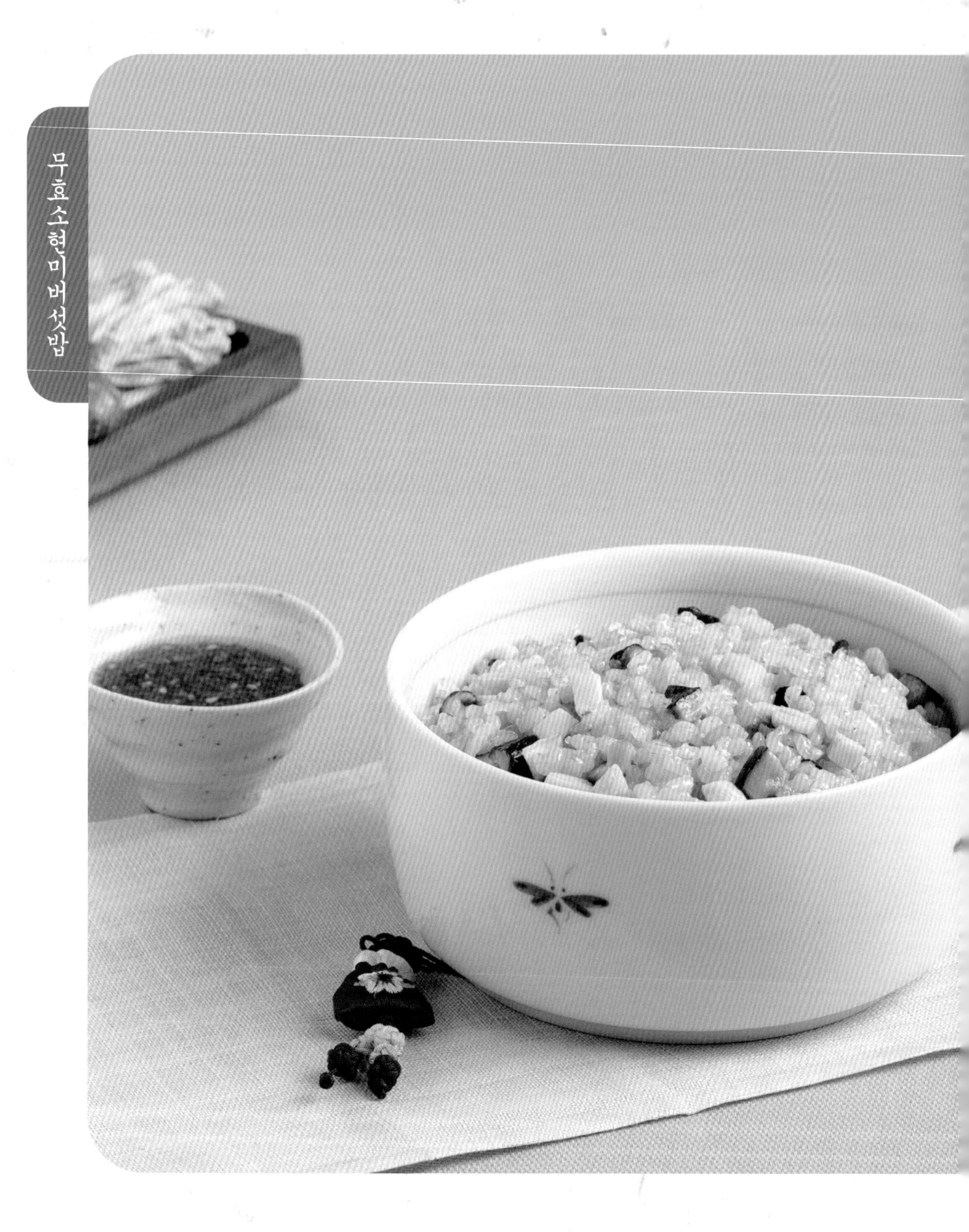

무효소현미버섯밥

무효소현미버섯밥

재료 및 분량

- 찰현미 ½컵 • 찰보리쌀 ½컵
- 무말랭이 20g • 따뜻한 물 2컵
- **무효소액 1큰술** • 소금 1/3작은술
- 표고버섯 2개 • 새송이버섯 1개
- 참기름 • 들기름 각 1큰술씩

양념장

- 진간장 1큰술 • 조선간장 1큰술
- **무효소액 2큰술** • 참기름 1큰술
- 들기름 ½큰술 • 깨소금 2큰술
- 다진파 1큰술 • 다진마늘 ½큰술

만드는 법

1 찰현미와 찰보리쌀을 깨끗이 씻어 찰현미는 7~8시간, 찰보리는 3~4시간 물에 불린다. 무말랭이도 깨끗이 씻어 따뜻한 물에 무효소액과 소금을 넣고 30분 정도 불린다.

2 불린 무말랭이와 불린 표고버섯, 새송이버섯을 가로, 세로 0.5cm 크기로 썬다.

3 달구어진 팬에 참기름과 들기름을 두르고 무말랭이를 볶다가 버섯을 넣어 살짝 더 볶는다.

4 냄비에 불린 현미와 찰보리쌀, 물을 넣고 센불에서 끓으면 중불로 낮추어 볶아 놓은 채소를 넣고 뜸을 들인다. 그릇에 담고 양념장을 만들어 함께 낸다.

1 2 3 4

tip

- 무말랭이 대신 가을철 단맛의 생무로 밥을 지어도 좋다.
- 무말랭이는 소화가 잘 안 되는 사람에게 특히 좋으며, 소화력이 약한 사람은 죽을 쑤어 먹어도 좋다.
- 참기름이나 들기름은 기호에 따라 가감할 수 있다.

산야초장아찌초밥

산야초장아찌초밥

재료 및 분량

- 멥쌀 500g
- 흑임자 ½큰술

단촛물

- 식초 3큰술
- **산야초 효소액 5큰술**
- 레몬즙 1큰술
- 소금 ½큰술
- 뽕잎 50g · 부추 30g

산야초 장아찌

- 둥굴레 장아찌 30g
- 오가피 장아찌 20g
- 엄나무 장아찌 20g
- 도라지 장아찌 20g

만드는 법

1 쌀을 깨끗이 씻어 밥을 고슬고슬하게 짓고 단촛물을 만든다.

2 끓는 소금물에 뽕잎과 부추를 살짝 데쳐 찬물에 헹구어 놓고, 뽕잎과 각각의 산야초 장아찌도 잘게 다진다.

3 뜨거운 밥에 단촛물을 넣고 골고루 섞은 후 다진 뽕잎나물과 흑임자를 넣고 고루 섞어 식힌다.

4 초밥을 손으로 쥐어 한 입 크기로 만들고 데친 부추로 묶은 후 다진 장아찌를 올린다.

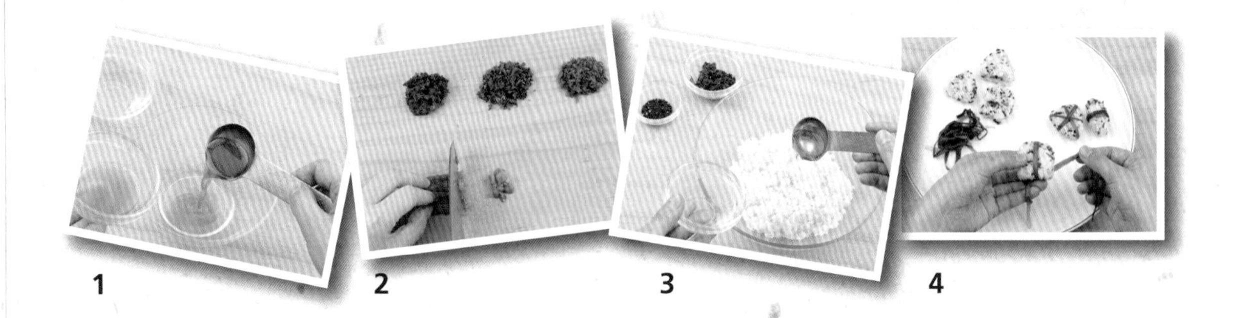

1 2 3 4

tip

- 불린 쌀과 물이 1 : 1.1이면 초밥하기에 좋다.
- 밥이 따뜻할 때 단촛물과 비벼야 속까지 깊은 맛이 든다.
- 뽕잎은 다져서 함께 비비거나 주먹밥을 만들어 장아찌를 넣고 뽕잎에 싸주어도 좋다.

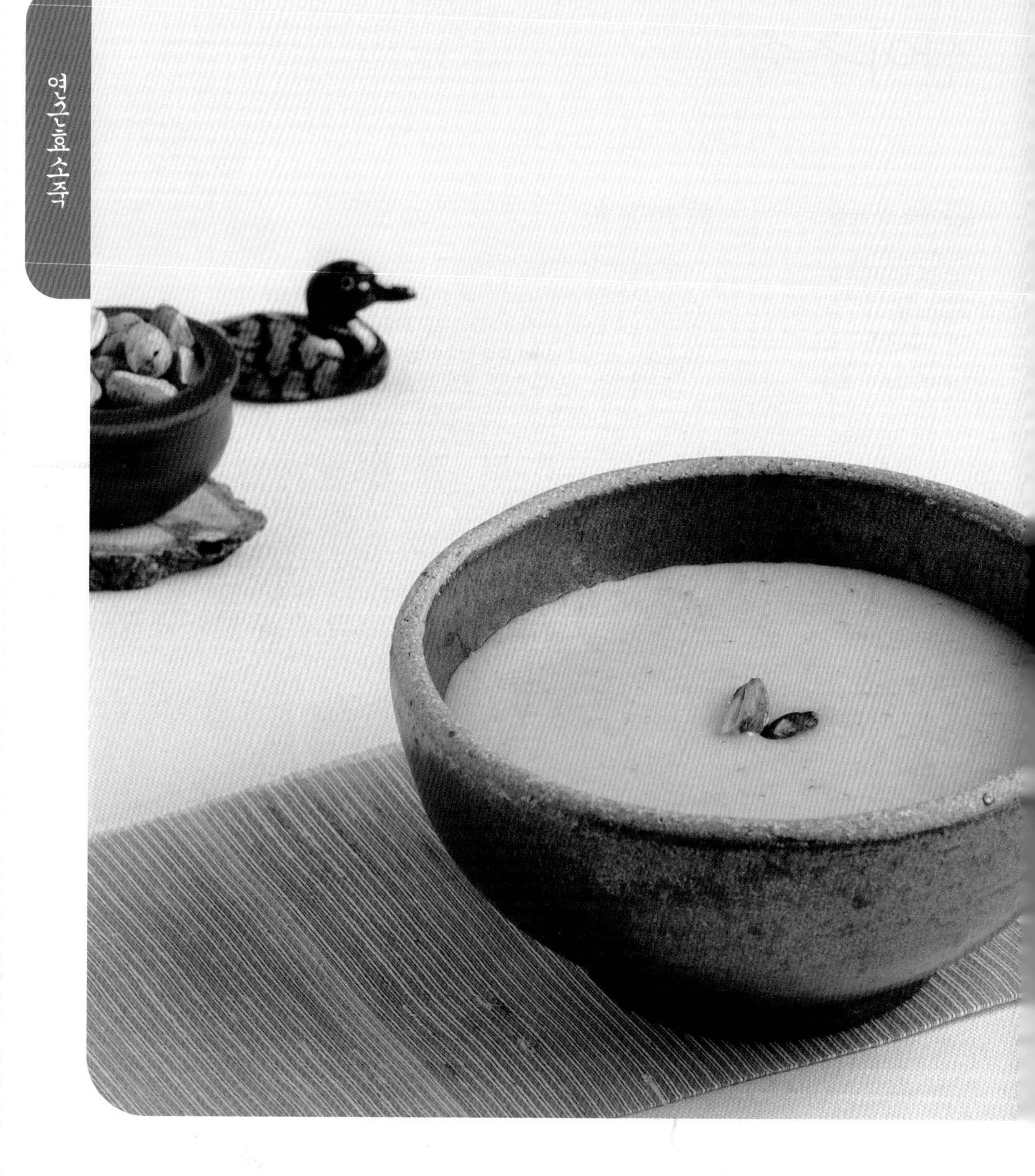

연근효소죽

연근효소죽

재료 및 분량

- 불린 쌀 1컵 • 연근 300g
- 불린 연자 50g • 물 2컵
- 솔잎가루 3g • 물 4컵
- **연근효소액 1큰술**
- 소금 $\frac{1}{6}$작은술

만드는 법

1 연근은 껍질을 벗겨 작게 썬다.
2 썰어놓은 연근과 불린 연자, 불린 쌀, 물 2컵을 믹서에 넣고 곱게 간다.
3 냄비에 연근과 연자 갈은 물, 물 4컵을 넣고 센불에서 주걱으로 저어가며 5분 정도 끓이다가 중불로 낮추어 10분 정도 더 끓이고 솔잎가루를 넣는다.
4 약불에서 5분 정도 끓인 다음 연근효소액과 소금으로 간을 하고 2분 정도 더 끓인다.

1 2 3 4

tip

- 연근은 손질 후 약한 식초물에 담아 갈변을 방지한다.
- 죽은 두꺼운 냄비에 넣고 끓여야 바닥이 눋지 않고 좋다.
- 나무주걱을 이용해 바닥이 눋지 않도록 한다.

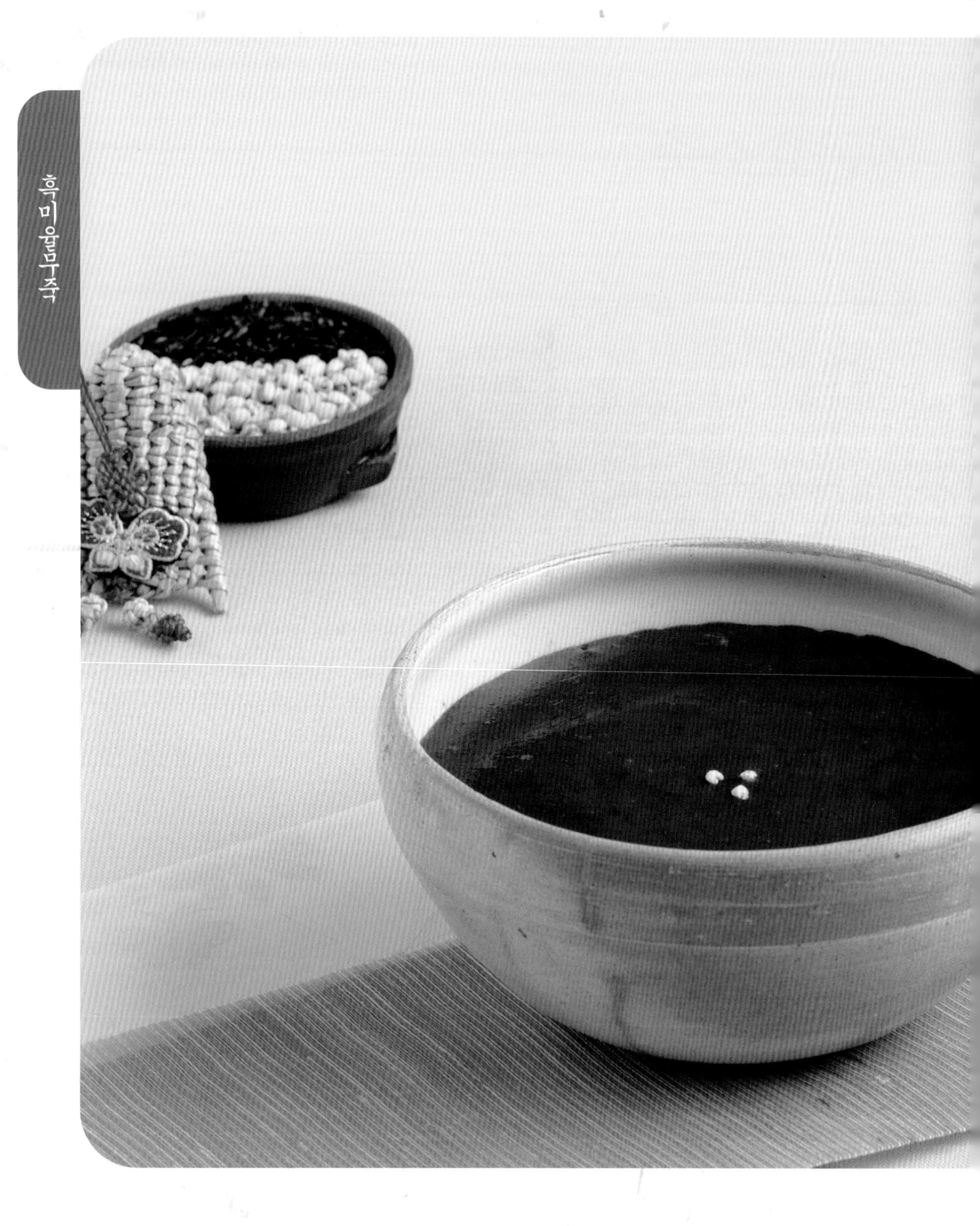

흑미율무죽

흑미율무죽

재료 및 분량

- 흑미 3큰술(물1컵)
- 불린 표고 2개
- 율무가루 1컵(물 6컵)
- 참기름 $\frac{1}{2}$큰술
- **표고버섯효소액 1큰술**
- 소금 $\frac{1}{6}$작은술

만드는 법

1 흑미는 깨끗이 씻어 5시간 이상 충분히 불려 물과 함께 믹서에 넣고 곱게 간다.
2 불린 표고버섯은 기둥을 자르고 0.3cm 크기로 썬다.
3 율무가루에 물 6컵을 넣고 10분 정도 불린다.
4 냄비에 참기름과 썰어 놓은 표고를 넣고 볶다가 갈아 놓은 흑미, 불린 율무가루, 표고를 넣고 끓인다. 뜸이 들면 표고버섯효소액을 넣고 2분 정도 더 끓여 소금으로 간을 맞춘다.

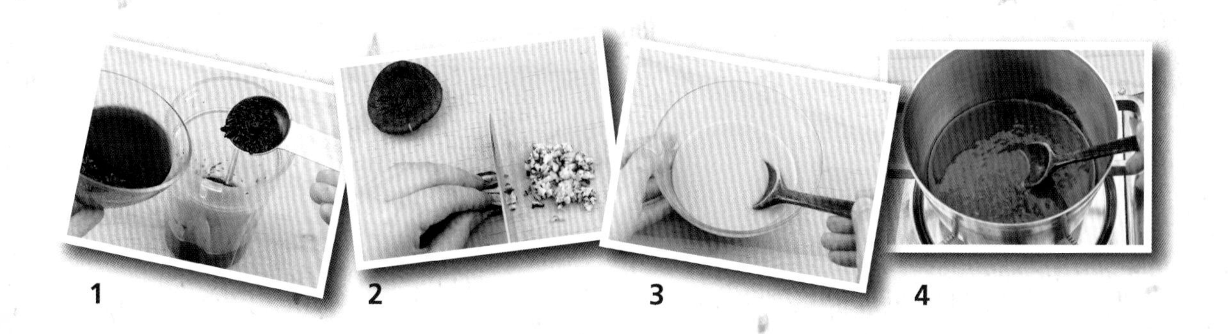

tip

- 바닥이 두꺼운 냄비를 사용한다.
- 불린 표고물을 사용해도 좋다.
- 율무가루에 동량의 물을 넣고 불려서 나머지 물을 넣고 죽을 쑤어도 된다.

효소크림소스채소면

효소크림소스채소면

재료 및 분량

- 감자 2개
- 청 파프리카 $\frac{1}{2}$개
- 홍 파프리카 $\frac{1}{4}$개
- 라면 1개
- 소금 $\frac{1}{8}$작은술

효소크림소스

- 밀가루 $1\frac{1}{2}$큰술
- 버터 $1\frac{1}{2}$큰술 · 우유 1컵
- **양파효소액 1큰술**
- **산야초가루 5g**
- 소금 $\frac{1}{8}$작은술
- 백후추 $\frac{1}{8}$작은술

만드는 법

1 감자는 씻어 껍질을 벗겨 길이 4㎝ 정도로 채 썰어 물에 담그고, 청·홍 파프리카는 길이 3㎝, 폭 0.5㎝로 채썰고, 라면은 살짝 삶아 찬물에 헹구어 물기를 뺀다.

2 달구어진 팬에 식용유를 두르고 물기를 뺀 감자를 볶다가 채썰어 놓은 파프리카를 넣고 소금으로 간을 하여 볶아낸다.

3 달구어진 팬에 버터가 녹으면 밀가루를 넣어 볶다가 우유를 넣고 끓인 다음, 양파효소액과 산야초가루를 넣고 소금과 후추로 간을 하여 크림소스를 만든다.

4 팬에 삶은 라면을 볶다가 볶아놓은 채소를 넣고 크림소스로 간을 맞춘다.

1 2 3 4

tip

- 감자는 전분을 빼주어야 볶을 때 부서지지 않는다.
- 낮은 온도에서 밀가루를 충분히 볶아야 크림소스가 고소하다.
- 기호에 따라 스파게티 면을 사용하여도 좋다.

도라지효소비빔냉면

도라지효소비빔냉면

재료 및 분량

- 냉면국수 200g, 도라지 100g(식초 2큰술, **도라지효소 3큰술**, 소금 1/3작은술)
- 오이 ½개(소금 ½작은술) · 편육 50g
- 배 ¼쪽

숙성양념장 재료

- 간배 3큰술 · 간양파 3큰술
- 다진마늘 2큰술 · 다진생강 ½작은술
- 후춧가루 ⅛작은술 · 간장 4큰술
- 고추장 4큰술 · 고운 고춧가루 4큰술
- **사과효소액 ½컵** · 참기름 2큰술
- 통깨 2큰술

비빔양념장

- 숙성양념장 5큰술 · 식초 1큰술
- 참기름 ½작은술

만드는 법

1. 도라지는 길이 4㎝, 폭 1.5㎝의 크기로 썰어 식초와 도라지효소와 소금에 10분 정도 절여 맛을 들인다.
2. 분량의 숙성양념장 재료를 잘 혼합하여 병에 담아 냉장고에서 1주일 정도 숙성시킨다.
3. 오이는 길이로 2등분하여 어슷 썰고 소금에 절여 물기를 뺀다. 편육과 배는 길이 4㎝, 폭 1.5㎝ 크기로 썬다. 분량의 비빔양념장을 만든다.
4. 끓는 물에 냉면국수를 넣고 살짝 삶아 찬물에 헹구어 물기를 뺀다음 면에 비빔양념장을 넣고 비벼 그릇에 담고 고명을 올려 낸다.

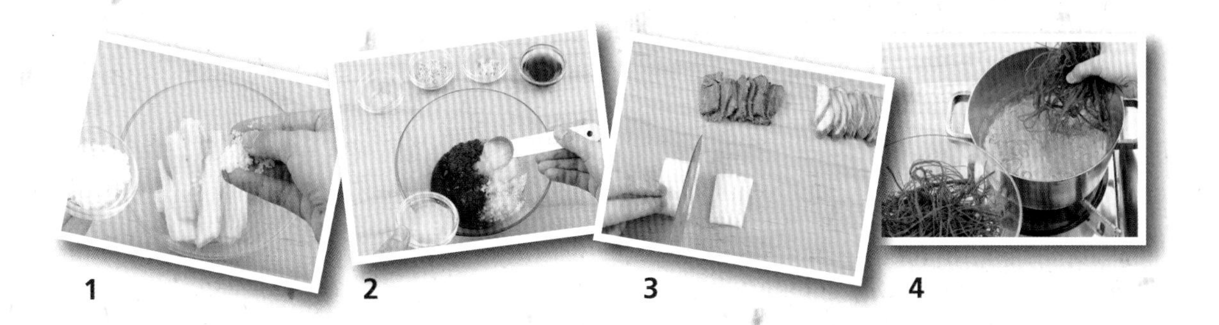

1 2 3 4

tip

- 도라지는 큰 것보다는 중간 것이 맛도 좋고 면과도 잘 어울린다.
- 도라지는 양파자루를 이용해서 껍질을 벗기면 잘 벗겨진다.
- 냉면국수는 끓는 물에 1~2분 살짝 삶아 얼음물에 헹구면 질감이 더 쫀득하다.

표고버섯효소냉소면

표고버섯효소냉소면

재료 및 분량

- 농축육수 300㎖ • **산야초 20g** • 오이 ½개
- 김 2장 • 적채 20g • 달걀 1개 • 소면 200g

농축육수 재료

- 멸치 10g • 다시마 7㎝ • 마른표고버섯 2장
- 조리용술 1컵 • 청주 ⅓컵 • 물 ⅓컵
- 간장 ⅔컵 • 가다랭이 20g
- 뜨거운 물 ⅓컵 • 혼다시 1큰술
- **표고버섯효소액 3큰술**

만드는 법

1. 그릇에 멸치와 다시마, 표고버섯, 조리용술, 청주, 물을 넣고 하룻밤 재워 둔다. 냄비에 넣고 5분 정도 끓이다가 멸치와 다시마, 표고를 건져 내고 간장 ⅔컵을 넣고 다시 끓인 다음 불을 끄고 가다랭이를 넣었다가 1분 후 건져 낸다. 물 ⅓컵과 혼다시 1큰술, 표고버섯효소액을 넣고 끓여 농축 육수를 만든다.
2. 산야초는 손질하여 깨끗이 씻고 산야초, 오이, 김, 적채는 길이 6cm, 두께 0.2cm로 채 썰고 달걀은 지단을 부쳐 같은 크기로 채 썬다.
3. 냄비의 물이 끓으면 소면을 넣어 뚜껑을 닫고 끓으면 ②의 물을 부어 삶아 찬물에 헹구어 물기를 뺀다.
4. 그릇에 국수를 담고 고명을 올리고 차게 만들어 놓은 농축육수에 물을 넣고 희석하여 부어낸다.

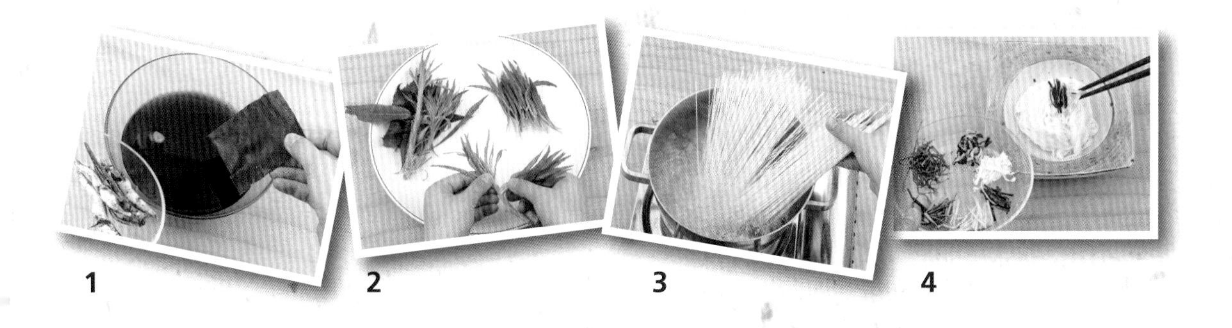

1 2 3 4

tip

- 농축육수를 만들어 용기에 담아 냉장고에 보관해 두고 기호에 맞추어 4~5배의 물을 넣고 희석하여 사용한다.
- 소면 대신 메밀국수를 이용해도 좋다.
- 육수를 끓일 때 너무 오래 끓이면 짜고 향이 적어진다.

도라지효소만두

재료 및 분량

만두소
- 도라지 100g(물 2컵, 식초 1/2큰술, 소금 $\frac{1}{8}$작은술)
- 대합 1마리, 두부 $\frac{1}{2}$모 · 부추 60g
- 청 · 홍고추 1개씩
- 불린 표고버섯 3개(진간장 $\frac{1}{4}$작은술, 참기름 $\frac{1}{8}$작은술, 소금 $\frac{1}{8}$작은술)

만두소 양념
- 다진 마늘 1큰술 · 소금 $\frac{2}{3}$작은술 · 참기름 1큰술
- 후춧가루 $\frac{1}{8}$작은술

만두피
- 우리밀가루 2컵 · 부추즙 2큰술
- **도라지가루 1큰술** · 소금 · 식용유 $\frac{1}{8}$작은술

양념장
- 간장 1큰술 · 물 1큰술 · 식초 $\frac{1}{2}$큰술
- **도라지효소액 1작은술**

만드는 법

1. 도라지는 소금으로 주물러 쓴맛이 빠지면 물에 식초와 소금을 넣고 데쳐 물기를 빼고 0.5cm 두께로 썰어 살짝 볶는다.
2. 대합은 삶아서 내장은 저며내고 살은 곱게 다지고, 두부는 물기를 꼭 짜서 으깨고 부추, 청·홍고추, 불린 표고버섯은 곱게 다져 만두소 양념을 넣고 만두소를 만든다.
3. 밀가루에 부추즙과 도라지가루, 소금, 식용유를 넣고 만두피 반죽을 하여 30분 정도 숙성시킨다.
4. 반죽을 밀대로 0.3cm 두께로 밀어 만두피를 만들어 소를 넣고 만두를 빚은 다음 김 오른 찜기에 넣고 15분 정도 쪄서 양념장과 함께 낸다.

tip
- 만두피에 부추즙 대신 당근즙, 고추즙 등을 이용할 수 있다.
- 만두피는 너무 질지 않게 반죽하여 충분히 숙성시키면 터지지 않고 쫀득하다.
- 만두는 너무 오래 찌지 않고 한 김 나간 후 먹어야 쫀득함을 즐길 수 있다.
- 만두피 반죽에 도라지가루를 너무 많이 넣으면 쓰고 질감이 약해지므로 적당히 넣는다.

산야초쟁반국수

산야초쟁반국수

 **재료 및 분량**

- 메밀국수 200g
- **산야초 40g**
- 청 · 홍피망 $\frac{1}{4}$개씩
- 양파 $\frac{1}{4}$개 · 오징어 1마리
- 새우 100g

양념장

- 사과즙 5큰술 · 양파즙 5큰술
- **현미식초 3큰술**
- **사과효소액 5큰술**
- 고춧가루 3큰술 · 간장 1큰술
- 연겨자 1큰술
- 다진파 1큰술 · 마늘 1큰술
- 소금 · 참기름 1큰술
- 깨소금 1큰술

 **만드는 법**

1 산야초와 청 · 홍피망, 양파는 다듬어 깨끗이 씻은 후 굵기 0.5㎝, 길이 5㎝로 채 썬다.

2 오징어는 껍질을 벗겨서 깨끗이 씻어 내장이 있는 안쪽에 0.5㎝의 사선으로 칼집을 넣고 끓는 물에 데쳐서 굵기 0.5㎝, 길이 5㎝로 썬다. 새우도 내장을 제거하고 데쳐서 껍질을 벗긴 후 길이로 포를 뜬다.

3 끓는 물에 소금과 메밀국수를 넣고 삶아 건져 얼음물에 헹구어 체에 받쳐 물기를 뺀다. 양념장을 준비한다.

4 접시에 삶은 면과 준비한 채소를 돌려 담고 양념장을 올린다.

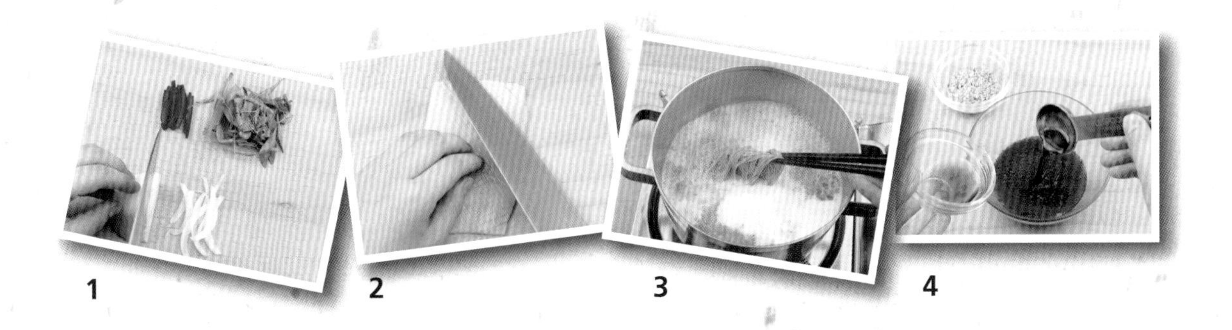

tip

- 오징어와 새우는 살짝 데쳐 물에 헹구지 않고 식혀야 맛이 좋다.
- 삶은 국수는 찬물에 여러 번 비벼서 전분을 빼내야 쫄깃한다.
- 산야초는 제철에 나는 부드러운 것을 이용하면 좋다.

생강효소우럭매운탕

재료 및 분량

- 우럭 1마리(500g)
- 모시조개 100g(4개 정도)
- 미더덕 40g · 미나리 50g
- 무 1토막 · 양파(180g) · 콩나물 50g
- 청 · 홍고추 1개씩 · 대파 $\frac{1}{2}$대

양념장

- 고춧가루 2큰술 · 고추장 1$\frac{1}{2}$큰술
- 마늘 1$\frac{1}{2}$큰술 · 생강 1쪽
- 청주 1큰술 · **생강효소액 1큰술**
- **산야초가루 1큰술**
- 후춧가루 $\frac{1}{4}$작은술
- 소금 $\frac{1}{2}$작은술

다시마 육수

- 물 6컵 · 다시멸치 10마리
- 다시마 7cm 1장

만드는 법

1. 우럭은 내장과 지느러미를 떼어내고 비늘을 긁어낸 후 깨끗하게 씻어서 폭 4㎝ 정도로 토막내고, 모시조개는 소금물에 해감을 토하게 한다. 미더덕은 깨끗이 씻은 후 꼬치로 물주머니를 터뜨린다.
2. 미나리는 줄기만 다듬어 깨끗이 씻어 4㎝ 정도로 썰고, 무는 길이 4㎝, 두께 0.5㎝, 폭 2㎝ 크기로 썬다. 양파는 미나리와 같은 길이로 썰고 콩나물은 거두절미하여 씻고 청 · 홍고추, 대파는 어슷 썬다.
3. 냄비에 물과 멸치를 넣고 센불에 올려 끓으면 중불로 낮추어 약 5분간 끓인 후 다시마를 넣고 불을 끄고 5분 후에 걸러서 다시마 육수를 만든다.
4. 냄비에 육수와 무를 넣고 센불에서 한 소큼 끓이다가 준비된 양념장을 넣고 준비한 생선과 조개, 콩나물, 미더덕을 넣고 끓으면 중불로 낮추어 미나리와 고추, 대파를 넣고 2분 정도 더 끓인다.

1 2 3 4

tip

- 우럭의 뼈는 단단하기 때문에 칼질할 때 조심해야 한다.
- 무를 미리 쌀뜨물에 삶아 넣기도 한다.
- 채소를 넣고 너무 오래 끓이면 영양과 색, 신선함을 잃으므로 잠시 끓인다.

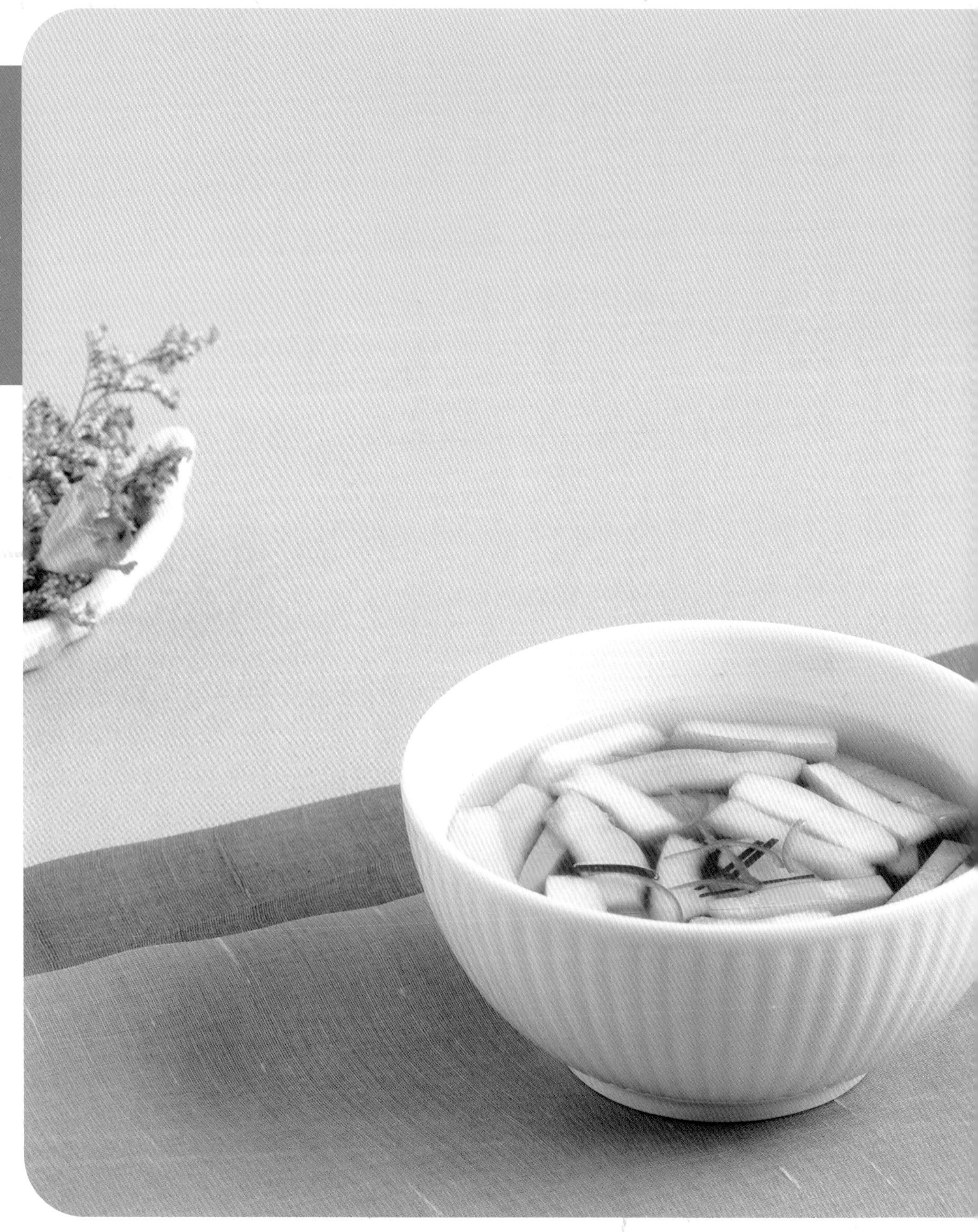

매실효소참외냉국

재료 및 분량

- 참외 300g · 청양고추 ½개
- 홍고추 ¼개 · 매실절임 30g
- 소금 ½작은술

냉국물

- 생수 3컵 · 감식초 2½큰술
- 청장 1큰술
- **매실효소액 4큰술**
- 사과식초 ½큰술

만드는 법

1. 참외는 깨끗이 씻어 길이로 6등분하여 씨를 긁어내고 두께 0.5cm 정도로 썬다.
2. 청양고추, 홍고추는 길이로 2등분하여 씨를 떼어내고 길이 2.5cm로 곱게 채 썰고, 매실절임도 채 썬다.
3. 생수에 분량의 재료를 넣고 냉국물을 만들어 냉장고에 차게 둔다.
4. 냉국을 먹기 직전에 참외, 매실채, 고추채를 띄워 낸다.

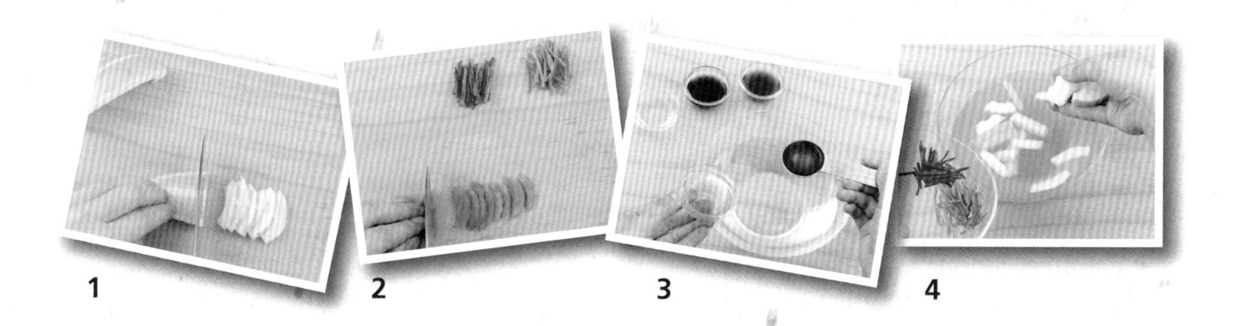

tip

- 참외는 씨 있는 부분이 무르기 때문에 수저로 긁어내고 채를 써는 것이 좋다.
- 한여름에는 오미자효소를 사용하여도 건강에 좋다.
- 참외 대신 미역이나 오이 등 다른 채소를 이용해도 좋다.

생강효소고등어육개장

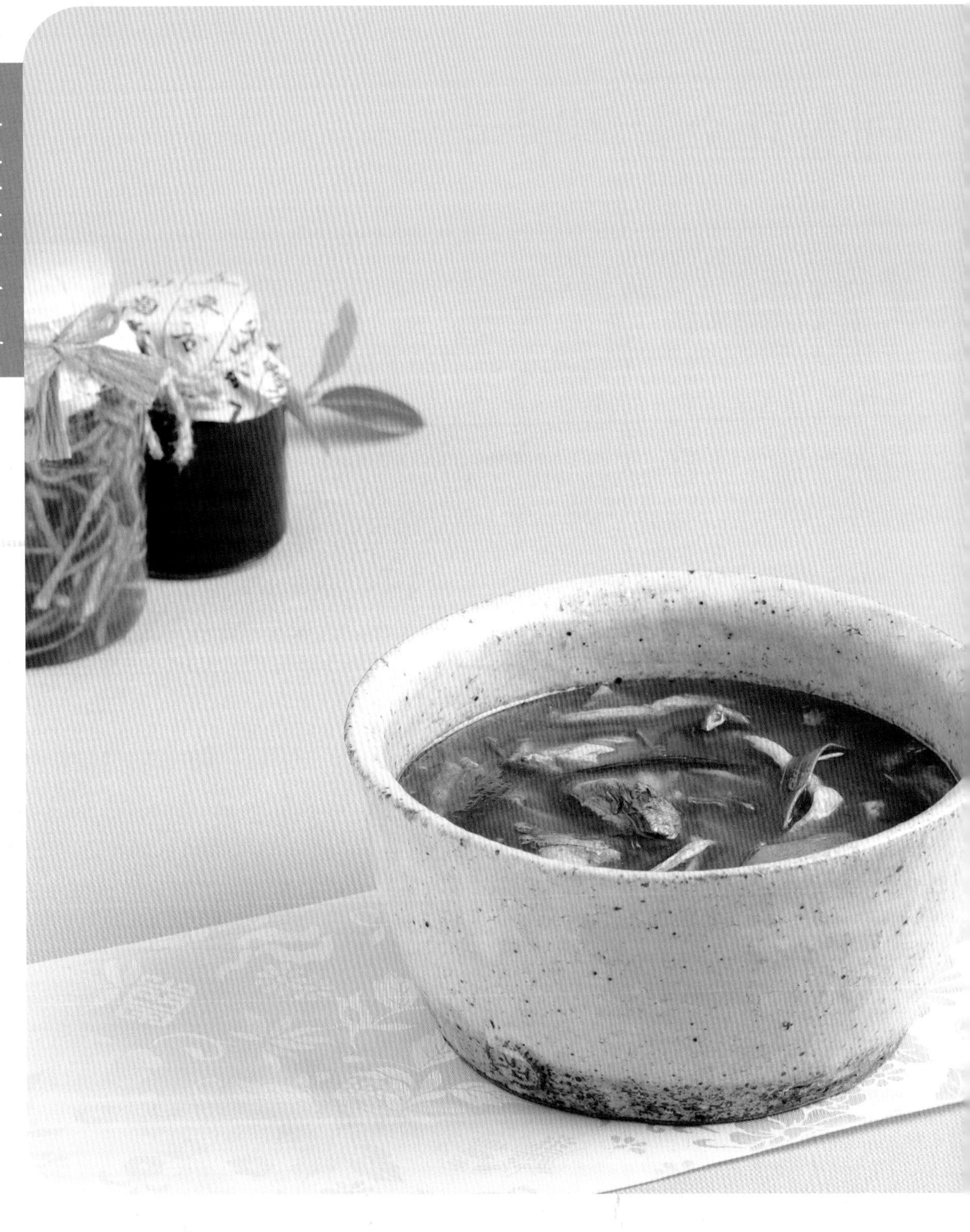

생강효소고등어육개장

재료 및 분량

- 고등어 1마리(900g)
- 고사리 100g · 대파 3대
- 콩나물 100g · 느타리버섯 80g

양념장

- 다진마늘 3큰술 · 생강 1작은술
- 고추기름 2큰술 · 고춧가루 4큰술
- 청주 2큰술 · **생강효소액 1큰술**
- 국간장 2큰술 · 소금
- 후춧가루 $\frac{1}{8}$작은술

고등어 삶는 양념

- 쌀뜨물 6컵
- **생강효소건지 30g**
- 양파식초 1큰술 · 된장 2큰술
- 청주 1큰술 · 녹차물 1컵

만드는 법

1 고등어는 머리와 꼬리, 지느러미를 떼어내고 3등분하여 깨끗이 씻는다. 냄비에 고등어 삶는 양념을 넣고 센불에 올려 끓으면 중불로 낮추어 살이 무르도록 푹 삶는다.

2 고등어가 익으면 건져서 살을 발라놓고, 삶은 육수는 면보에 받친다.

3 삶은 고사리와 대파는 4㎝ 길이로 썰고, 콩나물은 머리와 꼬리를 떼어내고, 느타리버섯과 함께 끓는 물에 넣어 각각 데치고 느타리버섯은 찢어서 양념장에 무친다.

4 냄비에 고등어 삶은 육수를 넣고 준비한 ③의 재료와 양념장을 넣어 센불에 올려 끓으면 중불로 낮추어 끓인 후 고등어 살을 넣고 2분 정도 더 끓인다.

1 2 3 4

tip

- 싱싱한 고등어로 끓여야 비린내가 적게 난다.
- 고등어 대신 삼치나 생태를 사용해도 좋다.
- 계절에 따라 얼갈이나 배추우거지를 사용해도 좋다.

생강효소오리들깨탕

재료 및 분량

- 오리 $\frac{1}{2}$마리(850g)

오리 삶는 향채

- **효소건지 10g** · 청주 1큰술
- 된장 1큰술 · 미나리 50g
- 양파 $\frac{1}{2}$개 · 감자 2개
- 대파 2뿌리 · 청양고추 2개
- 들깨물(들깨 1/2컵, 물 1컵)
- 물 5컵 · 수삼 2뿌리
- 대추 5개

양념장

- 마늘 2큰술 · 생강 1큰술
- **생강효소액 1큰술** · 된장 3큰술
- 고춧가루 2큰술 · 소금
- 후춧가루 · 청주 $\frac{1}{6}$작은술

만드는 법

1. 오리고기는 손질하여 깨끗이 씻어 먹기 좋은 크기로 토막을 낸다. 냄비에 물을 넣고 오리 삶는 향채를 넣어 센불에 올려 끓으면 오리를 넣고 3분 정도 끓여 튀한다.
2. 각각의 채소를 깨끗이 씻어 미나리 줄기는 길이 4㎝로 썰고, 양파와 감자는 껍질을 벗겨 3㎝ 정방형으로 썰고, 대파와 고추는 어슷 썬다.
3. 냄비에 튀한 오리와 양념장과 물 5컵을 부어 센불에 올려 끓으면 중불로 낮추어 30분 정도 끓인다.
4. 거품을 걷으면서 끓이다가 양파, 감자, 대파, 수삼, 대추를 넣고 고기가 충분히 익으면 어슷 썬 고추와 미나리와 들깨국물을 넣고 2분 정도 더 끓인다.

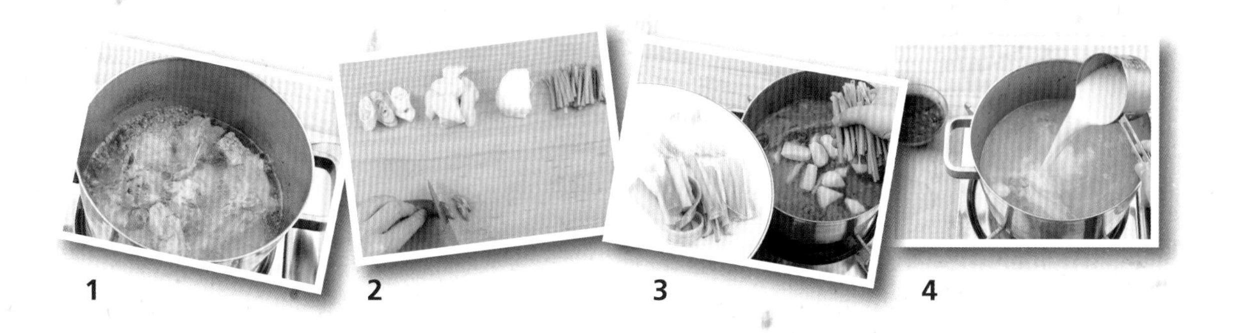

1 2 3 4

tip

- 오리는 닭고기보다 질기므로 더 푹 끓여야 한다.
- 인삼 대신 황기나 건강에 좋은 약초를 넣어도 좋다.
- 오리고기에는 된장과 생강을 넣으면 냄새를 줄일 수 있다.

양파효소 연근고등어 조림

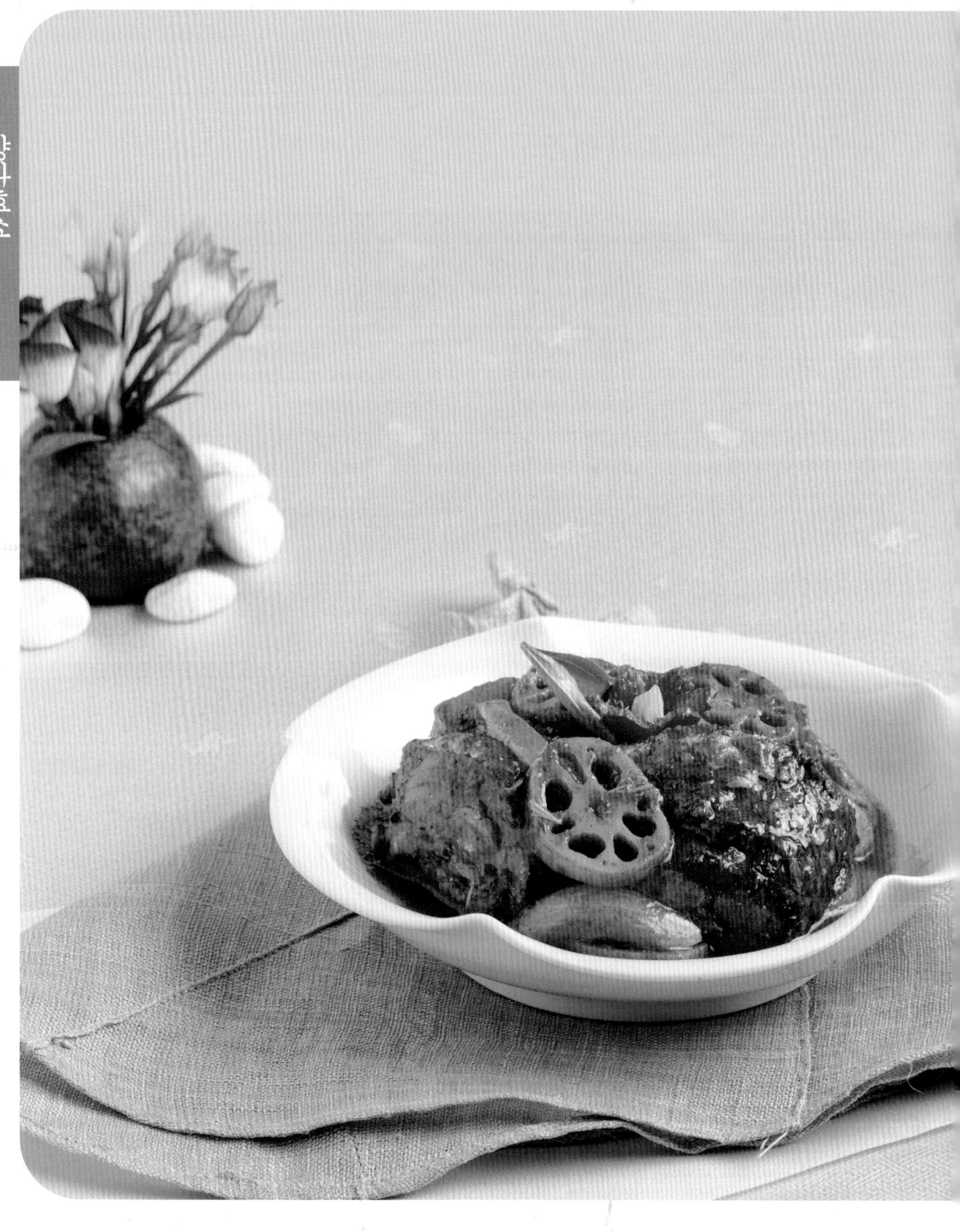

양파효소연근고등어조림

재료 및 분량

- 고등어 1마리 • 소금 1작은술
- 연근 100g
- 식초물(물 2컵, 식초 1작은술)
- 양파 1/2개 • 대파 50g
- 청 · 홍고추 1개씩

양념장

- 물 2컵 • 간장 3큰술
- 고춧가루 1큰술 • 고추장 ½큰술
- **양파효소액 ½컵** • 청주 1큰술
- 후춧가루 ⅛작은술 • 식초 ½큰술
- 된장 1작은술 • 마늘 1큰술
- 생강 1작은술

만드는 법

1. 고등어는 머리와 꼬리, 지느러미를 떼어내고 3등분하여 소금물에 씻는다
2. 연근은 깨끗이 씻어 껍질을 벗기고 0.5cm 두께로 썰어 식초물에 15분 정도 삶고, 양파와 대파는 길이 4cm, 폭 0.5cm 두께로 썰고 청 · 홍고추는 어슷썬다. 분량의 양념장을 만든다.
3. 냄비에 연근과 양파를 깔고 고등어를 넣고 대파와 청 · 홍고추를 얹고 준비한 양념장을 끼얹는다.
4. 센불에 올려 끓으면 중불로 낮추어 10분 정도 졸이다가 약불에서 20분 정도 더 졸인다.

1 2 3 4

tip

- 연근이 크면 잘 익지 않으므로 식초물에 20분 정도 삶아 낸다.
- 연근 대신 마를 사용해도 좋다.
- 고등어를 싱싱한 것으로 준비해야 비린내가 적다.

양파효소 갑오징어장조림

양파효소갑오징어장조림

재료 및 분량

- 갑오징어 3마리(300g)
- 메추리알 8개

양념장

- 물 6큰술 · 간장 6큰술
- **양파효소액 5큰술**
- 마늘 3톨 · 청주 1큰술
- 후춧가루 $\frac{1}{8}$작은술
- 생강 3g

만드는 법

1. 갑오징어는 내장을 떼어내고 껍질을 벗긴 다음 안쪽에 0.5㎝의 사선으로 칼집을 넣고 3㎝ 정도의 크기로 썰어 솔방울 모양을 낸다.
2. 메추리알을 삶아서 껍질을 벗긴다.
3. 분량의 양념장을 만든다.
4. 냄비에 준비한 양념장을 넣고 갑오징어를 넣어 센불에서 끓으면 메추알을 넣고 약 불로 줄여 15분 정도 양념장을 끼얹어가며 윤기 나게 졸인다.

1 2 3 4

tip

- 센불에서 오래 졸이면 갑오징어가 질기고 딱딱해진다.
- 칼집을 너무 깊이 넣으면 찢어지므로 살짝 넣는다.
- 갑오징어는 싱싱한 것으로 준비하면 칼집을 넣었을 때 모양이 좋고 질감이 부드럽다.

표고버섯효소 다시마닭고기말이

표고버섯효소다시마닭고기말이

재료 및 분량

- 닭가슴살 150g
  (청주 $\frac{1}{2}$큰술, 소금 $\frac{1}{4}$작은술
  후춧가루 $\frac{1}{8}$작은술)
- 감자전분 1작은술
- 다시마 15㎝(25g)
- 밀가루 1작은술 · 마늘쫑 2대

조림장

- 간장 2큰술
- **표고버섯효소액 4큰술**
- 청주 $\frac{1}{2}$큰술 · 다진마늘 1작은술
- 다진파 2작은술
- 후춧가루 1/8작은술
- 물 8큰술

만드는 법

1. 닭가슴살은 깨끗이 씻어 물기를 닦고 곱게 다져 청주, 소금, 후춧가루로 밑간을 하여 10분 정도 재웠다가 감자전분을 넣고 다시 치댄다.
2. 다시마는 끓는 물에 넣어 불을 끄고 10분 정도 담가 건져서 표면의 미끄러운 것을 닦는다.
3. 다시마 위에 밀가루를 뿌린 후 닭고기를 얇게 고루 편 다음, 마늘 쫑을 올리고 둥글게 말아 실로 돌돌 감아 묶는다.
4. 냄비에 조림장 재료를 넣고 약불에서 졸이다가 닭살말이를 넣어 5분 정도 굴려가면서 졸인 다음 1.5㎝ 정도 굵기로 썰어 접시에 담는다.

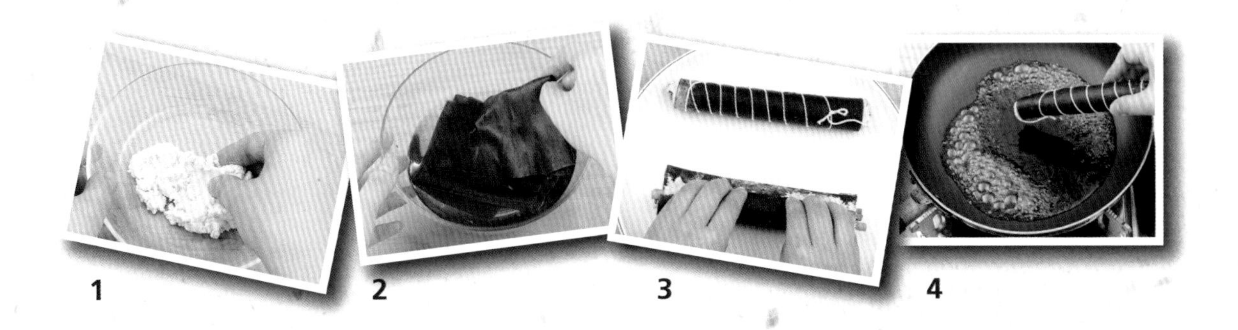

1 2 3 4

tip

- 다시마 위에 닭고기를 고루 펴야 굵기가 같다.
- 다시마 대신 양배추나 다른 채소로 이용해도 좋다.

우엉효소등갈비찜

우엉효소등갈비찜

재료 및 분량

- 등갈비 600g

갈비삶는 재료
- 물 6컵, 간장 2큰술
- 양파 · **생강효소건지 100g**씩
- 생강 1톨 · 계피 1조각 · 대파 1개
- 건고추 3개 · 양파 $\frac{1}{2}$개
- 무 70g · 청주 2큰술
- 통후추 1작은술
- 우엉 300g · 대추 10개
- 밤 6개 · 은행 10개

양념장
- 간장 3큰술 · **우엉효소액 3큰술**
- 참기름 1큰술 · 마늘 2큰술
- 생강 1큰술 · 청주 3큰술
- 커피 1작은술
- 후춧가루 $\frac{1}{6}$작은술

만드는 법

1 등갈비는 물에 담가 핏물을 뺀다. 냄비에 갈비 삶는 재료와 등갈비를 넣고 센불에 올려 끓으면 중불에서 40~50분 정도 삶아 등갈비를 꺼내어 찬물에 헹군다.

2 우엉은 깨끗이 씻어 껍질을 벗기고 길이 3~4㎝ 정도로 썰어 옅은 식초물에 넣어 삶고, 밤은 껍질을 벗기고, 대추는 젖은 면보로 닦고, 은행은 팬에 볶아 껍질을 벗긴다.

3 그릇에 양념장 재료를 잘 혼합하여 삶아낸 갈비와 우엉을 넣고 1~2시간 정도 양념이 배이도록 재운다.

4 냄비에 재워둔 갈비와 우엉을 넣고 센불에 올려 끓으면 중불로 낮추어 20분 정도 끓인 다음 밤, 대추를 넣고 10분 정도 뚜껑을 열고 양념장을 끼얹어가며 졸이다가 은행을 넣고 불을 끈다.

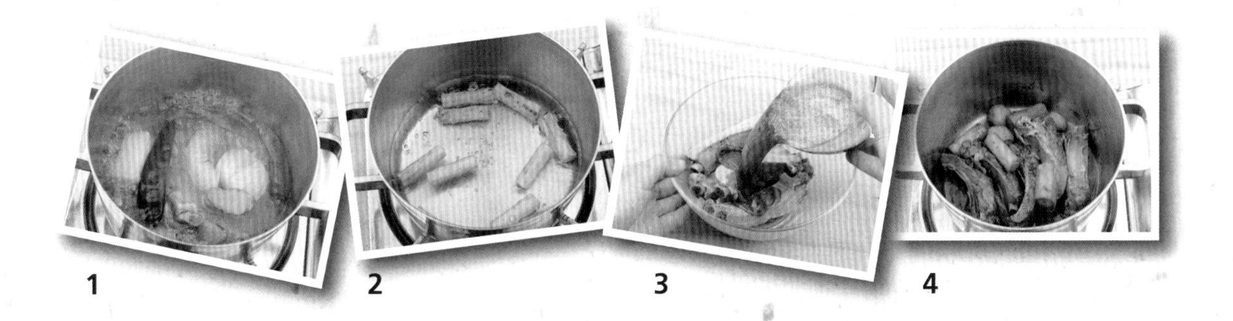
1 2 3 4

tip

- 등갈비는 핏물을 충분히 빼야 누린 냄새가 나지 않는다.
- 우엉은 식초를 넣고 삶으면 갈변을 막는다.
- 갈비를 뒤적일 때는 뼈가 빠지지 않도록 한다.

효소연어표고찜

효소연어표고찜

재료 및 분량

- 연어살 100g

연어양념
- 다진파 · 마늘 $\frac{1}{2}$큰술씩
- 깨소금 $\frac{1}{2}$큰술
- 후춧가루 $\frac{1}{8}$작은술 · 참기름 1큰술
- 청주 $\frac{1}{2}$작은술 · 소금 $\frac{1}{4}$작은술
- 불린표고 10장 · 녹말 3큰술

표고양념
- 참기름 1작은술 · 간장 1작은술
- 후춧가루 $\frac{1}{8}$작은술
- **표고버섯효소액 $\frac{1}{2}$작은술**

양념장
- 간장 2큰술 · **양파효소액 2큰술**
- 식초 1큰술

만드는 법

1 연어살을 곱게 다져 연어양념을 넣고 버무린다.
2 불린 표고는 물기를 닦고 표고양념으로 무쳐서 안쪽에 녹말가루를 묻히고, 준비한 연어살을 채운 다음 다시 연어살 위에 녹말가루를 무친다.
3 찜기를 센불에 올려 물이 끓으면 속을 채운 표고를 넣고 5분 정도 찐다.
4 그릇에 담고 양념장과 함께 낸다.

1 2 3 4

tip

- 표고 안쪽에 녹말가루를 골고루 묻혀 소가 떨어지지 않도록 한다.
- 표고는 같은 크기로 준비한다.
- 오래 찌지 않아야 질감이 좋다.

취나물유부찜

재료 및 분량

- 취나물 100g • 미나리줄기 10개
- 두부 50g

소 양념장

- 청장 $\frac{1}{2}$작은술, 참기름 1작은술
- 깨소금 $\frac{1}{2}$작은술
- 표고가루 $\frac{1}{2}$작은술 • 유부 10개

고추장양념소스

- 다시마물 $\frac{1}{2}$컵 • 고추장 2큰술
- **양파효소액 1$\frac{1}{2}$큰술**
- 청주 1큰술
- 참기름 $\frac{1}{2}$큰술

만드는 법

1. 취나물과 미나리는 깨끗이 손질하여 씻는다. 냄비에 물이 끓으면 소금을 넣고 취나물은 2분, 미나리줄기는 30초 정도 각각 데쳐 찬물에 행구어 물기를 꼭 짠다. 취나물은 잘게 썰어 두부를 꼭 짜서 으깬 다음 소 양념장을 넣어 함께 무친다.
2. 유부는 방망이로 밀어서 위쪽을 자르고 끓는 물에 1분 정도 데쳐 물기를 닦고 주머니 모양을 만든다. 분량의 고추장 양념소스를 만든다.
3. 유부 속에 소를 넣고 미나리로 묶는다.
4. 냄비에 준비한 고추장양념소스와 유부를 넣고 중불로 낮추어 3분 정도 졸인다.

1 2 3 4

tip

- 미나리 대신 부추나 실파를 사용할 수 있다.
- 억센 취나물은 줄기의 껍질을 벗겨내고 사용하면 부드럽다.
- 유부는 방망이로 밀어서 찢어지지 않게 주머니를 만든다.

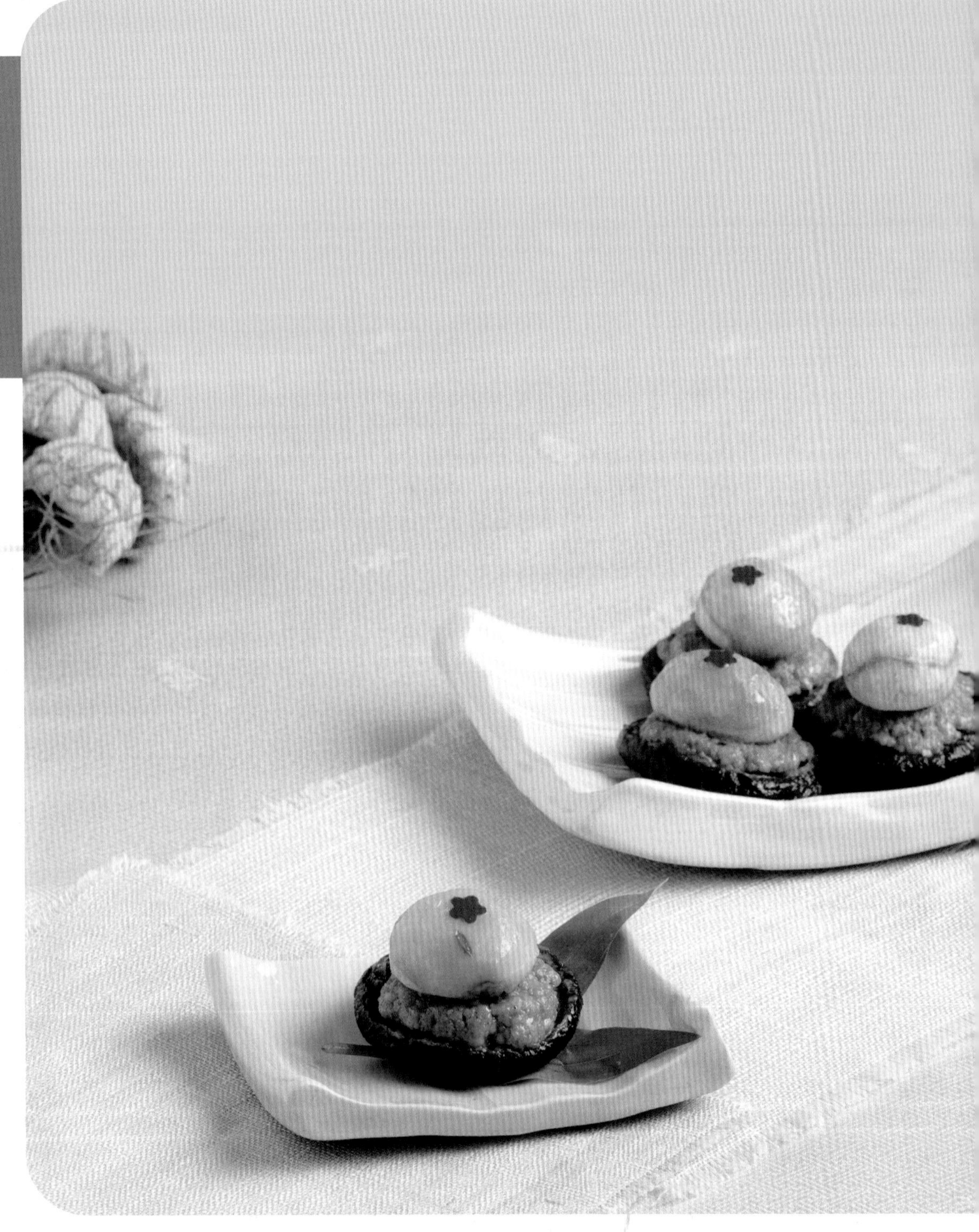

표고밤찜

표고밤찜

재료 및 분량

- 표고버섯(지름 4cm) 10장
- 녹말 2큰술 · 밤(작은 것) 10개
- 쇠고기 100g · 홍고추 ½개

표고, 쇠고기양념
- 간장 ½큰술 · 참기름 ½큰술

양념장
- 간장 2작은술
- **표고효소액 1.5큰술**
- 다진마늘 ½작은술
- 다진파 1작은술 · 청주 1작은술
- 후춧가루 ¼작은술
- 깨소금 ½작은술
- 표고가루 ½작은술
- 참기름 1작은술

만드는 법

1. 표고버섯은 따뜻한 물에 불려 기둥을 자르고, 깨끗이 씻어서 물기를 꼭 짠다음 표고 양념장에 무쳐 20분간 재운다.
2. 밤은 작은 것으로 속껍질까지 깨끗이 벗겨 끓는 물에 2분 정도 삶아 건지고, 쇠고기는 곱게 다져 핏물을 닦고 양념장에 무친다.
3. 표고버섯 안쪽에 녹말가루를 묻힌 후 양념한 고기를 붙인다.
4. 고기 가운데 밤을 올리고 녹말가루를 뿌린 다음 홍고추를 둥글게 썰어 밤 위에 올린 후 김오른 찜기에 넣고 5분 정도 찐다.

1 2 3 4

tip

- 밤이 크면 반으로 잘라서 얹는다.
- 홍고추는 포를 떠서 꽃 몰드로 찍으면 좋다.
- 표고는 먹기 좋게 너무 크지 않은 중간 크기로 준비한다.

양파효소가지찜

양파효소가지찜

재료 및 분량

- 가지 2개 • 감자전분 1큰술
- 밤 3개 • 마늘 3톨
- **양파효소액 1큰술** • 대추 3개
- 식용유 1큰술

양념장

- **양파효소액 3큰술**
- 간장 2큰술 • 참기름 1작은술
- 후춧가루 $\frac{1}{4}$작은술

만드는 법

1 가지는 깨끗이 씻어 두께 0.5㎝의 길이로 잘라 0.5㎝ 간격의 칼집을 넣고 찜기에 김이 오르면 1분 정도 찐다.

2 밤과 마늘은 곱게 채 썰어 양파효소액를 넣어 팬에 살짝 볶고, 대추는 돌려 깎아 씨를 뺀 뒤 같은 크기로 채 썬다.

3 가지의 칼집 넣은 반대쪽에 감자전분을 살짝 뿌려주고 밤, 대추, 마늘을 넣고 말아서 1분 정도 찐다.

4 분량의 양념장을 만들어 쪄낸 가지 위에 뿌린다.

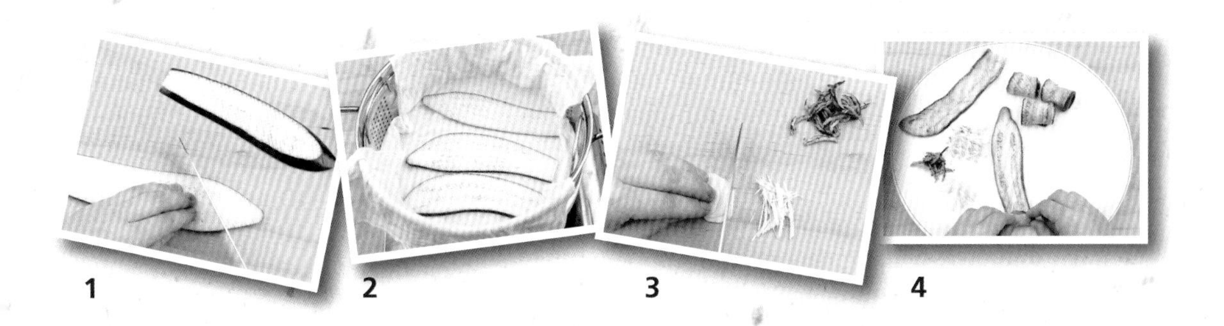

1 2 3 4

tip

- 가지의 칼집이 바깥으로 나오도록 말아준다.
- 가지를 너무 많이 찌면 물컹해지므로 살짝 찐다.
- 가지가 잘라지지 않도록 칼집에 유의한다.

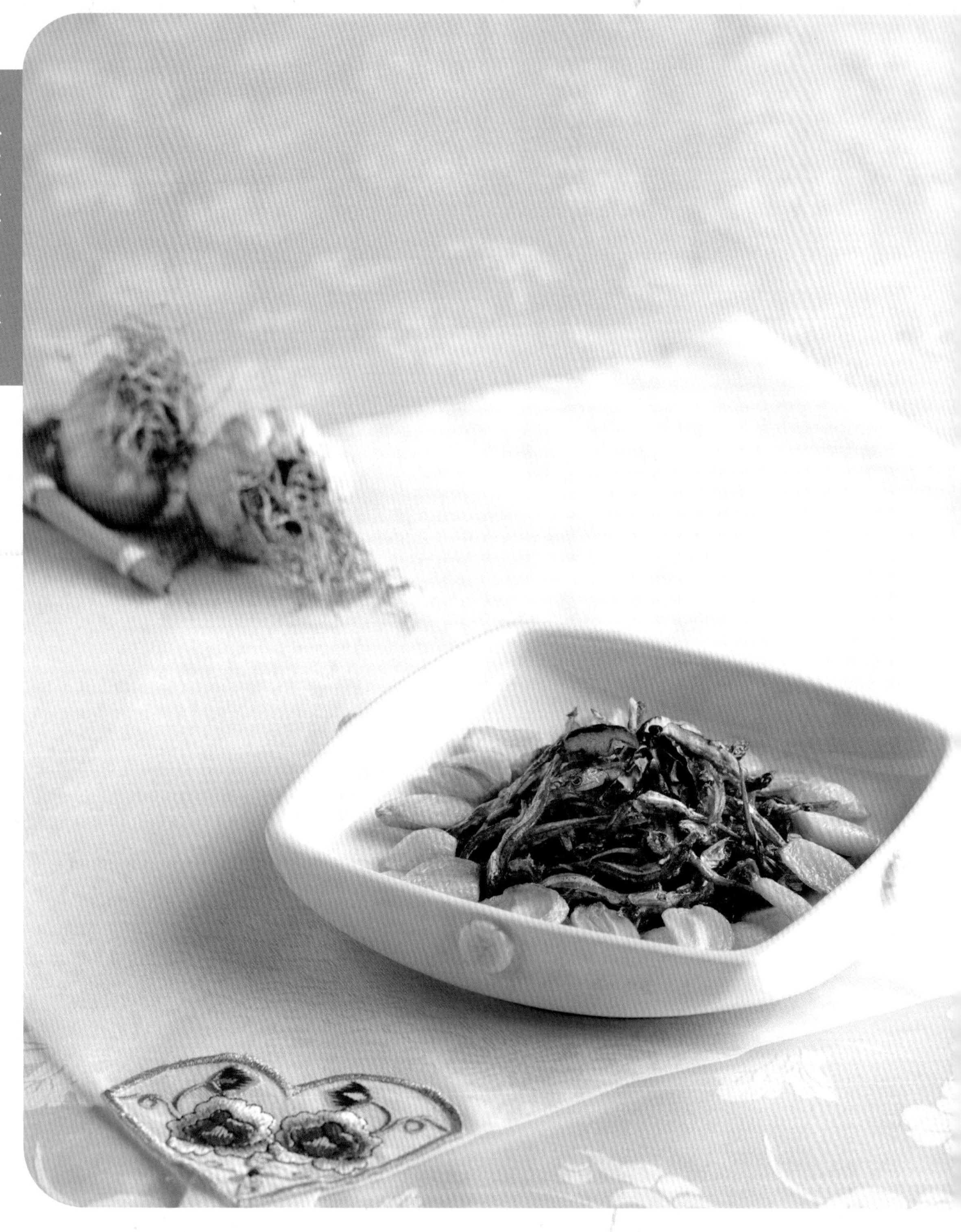

마늘효소멸치볶음

마늘효소멸치볶음

재료 및 분량

- 멸치 100g · 대추 4개
- 마늘 7개 · 식용유 $1\frac{1}{2}$큰술

양념장

- 간장 $1\frac{1}{2}$큰술 · **마늘효소액 3큰술**
- 물 2큰술 · 청주 1큰술
- 깨소금 $\frac{1}{2}$큰술
- 참기름 $\frac{1}{2}$작은술
- 후춧가루 $\frac{1}{8}$작은술
- 통깨 $\frac{1}{2}$작은술

만드는 법

1 멸치는 부스러기를 체에 거른 다음 낮은 불에서 비린내가 나지 않게 팬에 살짝 볶는다.

2 대추는 젖은 행주로 깨끗이 닦고 돌려 깎아 0.3cm 두께로 채 썬다.

3 마늘을 편으로 썬다. 팬을 달구어 식용유를 두르고 마늘을 넣고 중불에서 튀기듯 볶고 남은 기름에 멸치가 구수한 냄새가 날 때까지 볶는다. 분량의 양념장을 만든다.

4 팬에 준비한 양념장을 넣고 졸이다가 멸치를 넣어 졸인 후 볶아 놓은 마늘과 대추채를 넣고 후춧가루와 참기름, 통깨를 넣어 볶는다.

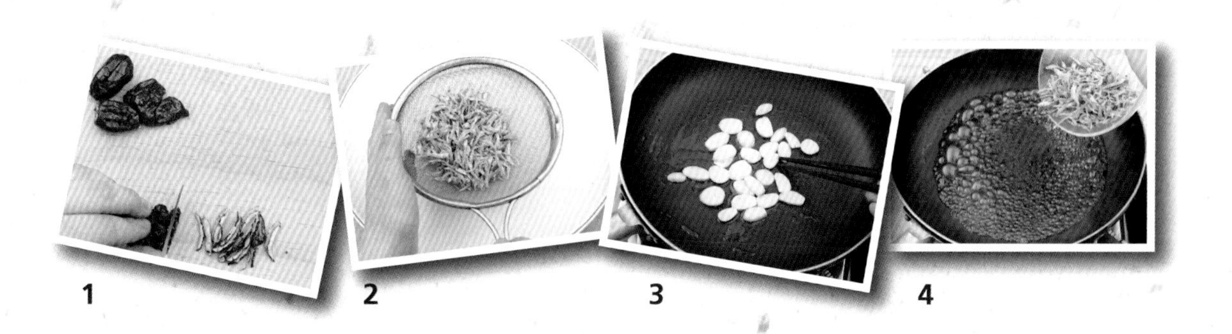

1 2 3 4

tip

- 소스를 졸이다가 윤기가 돌기 시작할 때 멸치를 넣고 버무려야 윤기가 난다.
- 멸치를 충분히 볶지 않으면 비린내가 난다.
- 멸치를 너무 오래 볶으면 딱딱하므로 볶는 시간에 유의한다.

산야초잡채

산야초잡채

재료 및 분량

- 당면 150g • 망초잎 60g
- 소금 $\frac{2}{3}$작은술
- 참기름 1작은술
- 느타리버섯 150g
- 식용유 2큰술 • 홍고추 1개

양념장

- **산야초효소액 4큰술**
- 진간장 3큰술
- 참기름 1큰술
- 통깨 1/2큰술

만드는 법

1 냄비에 물을 넣고 센불에 올려 끓으면 당면을 넣고 8~10분 정도 삶아 찬물에 헹구어 물기를 뺀다.

2 망초잎과 느타리버섯은 손질하여 깨끗이 씻어 끓는 물에 소금을 넣고 2분 정도 데쳐 물에 헹구어 꼭 짜서 망초잎은 소금, 참기름으로 밑간을 한다.

3 느타리버섯은 잘게 찢어 팬에 식용유를 두르고 소금을 넣어 살짝 볶고, 홍고추는 3cm 길이로 채 썰어 달구어진 팬에 식용유를 두르고 살짝 볶는다. 분량의 양념장을 만든다.

4 팬을 달구어 식용유를 두르고 삶은 당면을 넣어 중불에서 투명해질 때까지 볶다가 준비한 양념장을 만들어 넣고 국물이 스며들면 꺼낸다. 여기에 느타리버섯과 데쳐 놓은 망초잎, 홍고추를 넣고 고루 버무리고 참기름, 통깨를 넣어 무친다.

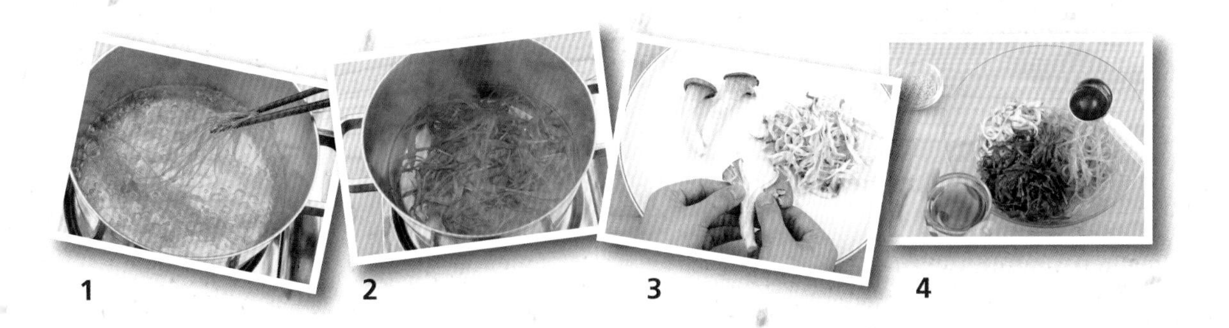

1 2 3 4

tip

- 망초잎은 연한 것으로 사용하여야 질기지 않다.
- 당면이 한 김 나간 후 망초잎을 넣어야 푸른색이 변하지 않는다.
- 느타리버섯은 마지막에 넣어야 간장색이 들지 않고 깨끗하다.
- 당면을 적당히 잘 삶아야 부드럽다.

배효소 쇠고기숙주나물

배효소쇠고기숙주나물

재료 및 분량

- 숙주나물 200g · 미나리 $\frac{1}{2}$단
- 쇠고기(등심) 200g
- 녹차물 5컵 · 식용유 2큰술

쇠고기양념

- 간장 1큰술 · 청주 1큰술
- 배효소액 1작은술 · 청주 1작은술
- 후추 $\frac{1}{8}$작은술 · 전분 1작은술
- 참기름 $\frac{1}{2}$큰술

양념소스

- 마늘 1큰술 · 간장 2큰술
- 식초 1큰술 · 배효소액 2큰술
- 참기름 1작은술 · 두반장 $\frac{1}{2}$큰술
- 소금 $\frac{1}{8}$작은술

만드는 법

1. 숙주는 머리와 꼬리를 떼어 내고, 미나리는 줄기만 손질하여 깨끗이 씻어 4~5cm 길이로 썬다.
2. 냄비에 녹차물을 넣고 센불에서 끓으면 식용유 1큰술을 넣고 숙주와 미나리를 각각 데친다.
3. 쇠고기는 핏물을 닦고 쇠고기양념장에 30분 정도 재운 후 끓는 녹차물에 식용유를 넣고 살짝 데친다. 분량의 양념소스를 만든다.
4. 접시에 고기와 숙주, 미나리 순으로 담아 양념소스와 함께 낸다.

1 2 3 4

tip

- 미나리 대신 부추를 사용해도 된다.
- 녹차 물에 쇠고기를 데치면 누린내가 제거된다.
- 채소는 차갑게 미리 준비하고 고기는 상에 내기 전에 바로 준비한다.
- 쇠고기 데칠 때는 핏물이 가실 정도로 살짝 데쳐야 육즙이 살아 맛있고 부드럽다.

도라지효소더덕 닭갈비찜

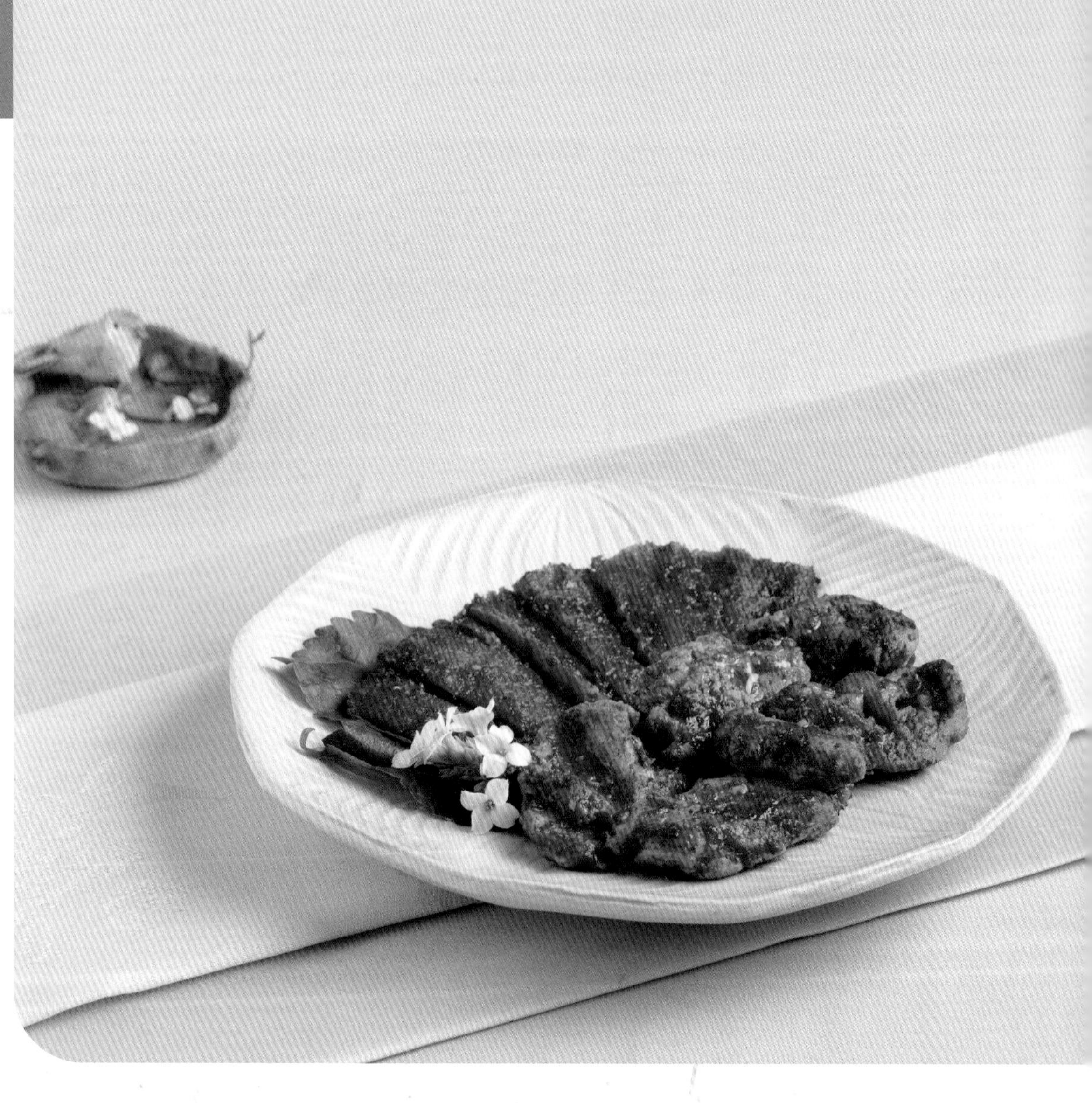

도라지효소더덕닭갈비찜

재료 및 분량

- 닭고기 500g

닭고기 밑간

- 청주 1큰술, 생강즙 1작은술
- 소금 · 후춧가루 $\frac{1}{6}$작은술
- 더덕 200g

더덕 유장

- 진간장 $\frac{1}{2}$큰술 · 참기름 1큰술

양념장

- 간장 2큰술 · **도라지효소액 4큰술**
- 다진파 3큰술 · 다진마늘 1큰술
- 고춧가루 2큰술 · 고추장 2큰술
- 후춧가루 $\frac{1}{4}$작은술 · 참기름 1큰술
- 카레가루 1큰술 · 날콩가루 1큰술

만드는 법

1. 닭고기는 얇게 포를 떠서 칼집을 넣은 후 먹기 좋게 썰어 닭고기 밑간에 30분 정도 재운다.
2. 더덕은 껍질을 벗기고 방망이로 두들긴 다음 먹기 좋게 썬다.
3. 간장과 참기름으로 유장을 만들어 더덕에 바르고 20분 정도 재워둔다. 분량의 양념장을 만든다.
4. 팬을 달구어 재워둔 닭고기와 더덕을 애벌구이를 하고 양념장을 바르면서 다시 굽는다.

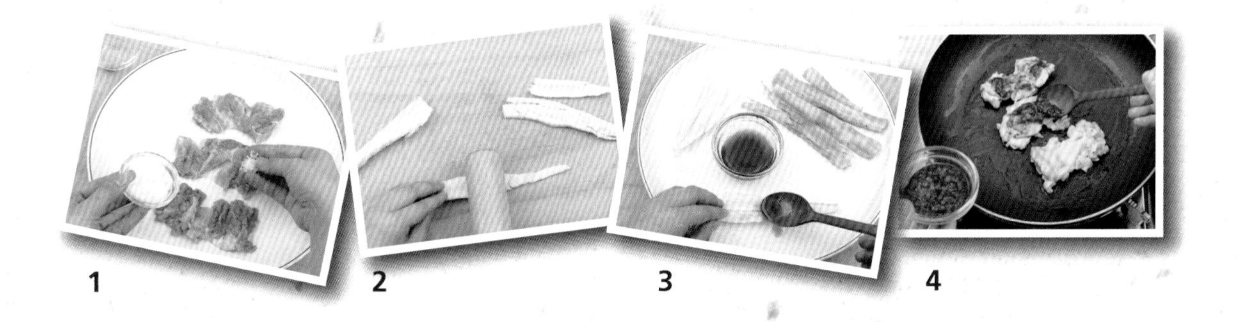

1 2 3 4

tip

- 더덕은 얇게 포를 떠서 살짝 두들겨야 부드럽다.
- 더덕은 너무 오래 익히면 향과 질감이 적어진다.
- 닭고기를 너무 크지 않게 썰어서 구워야 더덕과 잘 어우러지게 썬다.

브로콜리 연어말이

브로콜리연어말이

재료 및 분량

- 브로콜리 $\frac{1}{2}$송이(소금 $\frac{1}{8}$작은술)
- 식용유 1작은술
- 연어 50g

초장

- 고추장 2큰술
- **사과효소액 3큰술**
- 사과식초 2큰술
- 레몬즙 1작은술

만드는 법

1. 브로콜리는 깨끗이 씻어 6cm 길이로 저며 썬다.
2. 냄비에 물이 끓으면 소금과 식용유를 넣고 준비한 브로콜리를 넣고 살짝 데친다.
3. 훈제 연어는 길이 4~7cm, 폭 2cm 정도로 얇게 포를 뜬다.
4. 브로콜리를 연어로 말아 접시에 돌려 담고 초장을 만들어 함께 낸다.

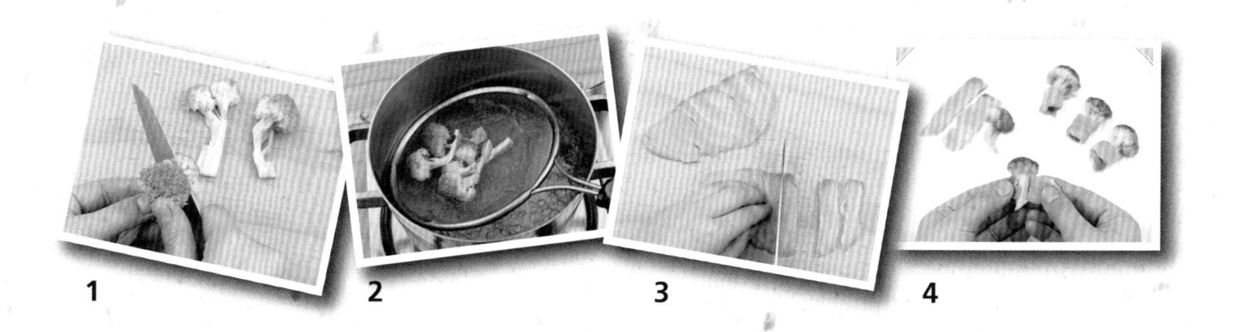

1 2 3 4

tip

- 브로콜리를 너무 짧게 자르면 연어를 감기가 불편하다.
- 연어는 살짝 얼려서 썰어야 모양이 예쁘게 썰린다.
- 초장을 만들 때 복숭아 효소액이나 배 효소액 등 다른 과일 효소액을 넣어도 좋다.

사과효소삼겹살 채소샐러드

사과효소삼겹살채소샐러드

재료 및 분량

- 삼겹살 100g
  (데치는 물 ; 물 4컵, 대파 10g, 생강 3g 청주 1작은술, 간장 1작은술, **사과효소액 1큰술**)
- 청 · 홍 · 노랑 파프리카 각 1/4개
- 양파 1/2개 • 토마토 1/2개 • 양상추 50g

사과소스

- 사과 간 것 3큰술 • 다진마늘 1작은술
- **사과효소액 4큰술** • 사과식초 1 1/2큰술
- 올리브유 1작은술 • 소금 1/4작은술
- 후춧가루 1/8작은술

된장소스

- 된장 1큰술 • 사과식초 2큰술
- 양파 간 것 3큰술 • **사과효소액 2큰술**
- 마늘 1/2작은술 • 양파효소액 2큰술
- 발효겨자 1/4작은술 • 후춧가루 1/8작은술

만드는 법

1 냄비에 물과 대파, 생강, 청주 간장, 사과효소발효액을 넣고 센불에서 끓으면 삼겹살을 넣어 5분 정도 데친 후 식혀서 3~4cm 정도의 먹기 좋은 크기로 썬다.

2 청 · 홍 · 노랑 파프리카는 0.2cm 두께로 채 썰고, 양파도 같은 크기로 채 썰어 물에 식초와 설탕을 넣어 담궜다 건져 매운맛을 뺀다. 토마토는 반달 모양으로 썰고, 양상추는 먹기 좋게 찢어 물에 담궜다가 건진다.

3 분량의 사과소스와 된장소스를 만든다.

4 삼겹살과 채소에 기호에 맞춰 사과소스나 된장소스 중 한 가지를 선택하여 넣고 버무린다.

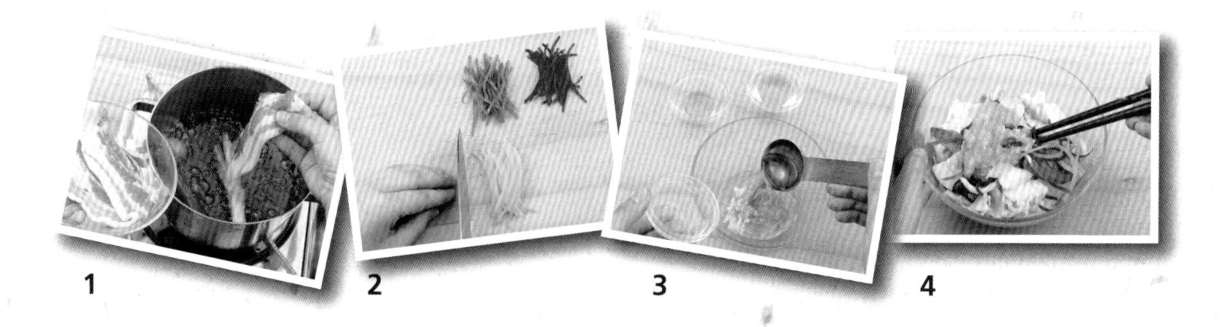

1 2 3 4

tip

- 사과소스와 된장소스를 사용하면 돼지삼겹살의 누린내를 없애준다.
- 삼겹살은 비계가 적은것을 사용한다.
- 제철 산야초를 이용하면 좋다.

생강효소 고등어 강정

생강효소고등어강정

재료 및 분량

- 고등어 1마리 · 청주 1큰술
- 생강즙 $\frac{1}{3}$작은술 · 소금 $\frac{1}{2}$작은술
- 녹차가루 1작은술 · 감자전분 3큰술
- 튀김옷(튀김가루 3큰술, 감자전분 3큰술 물 $\frac{1}{2}$컵) · 식용유 2컵

강정소스

- 고추장 3큰술, 물엿 2큰술 · 청주 2큰술
- 마늘 1큰술 · 양파 간 것 1큰술
- 녹차물 3큰술 · **생강효소액 3큰술**
- 참기름 1작은술 · 식용유 1큰술
- 후춧가루 $\frac{1}{8}$작은술

만드는 법

1. 고등어는 머리와 꼬리, 지느러미를 떼어내고 깨끗이 씻어 3장 뜨기 한 다음 가로 4㎝, 세로 2㎝, 두께 1㎝로 저며 물기를 닦는다.
2. 고등어에 청주, 소금, 생강즙, 녹차가루를 뿌려 10분 정도 재워둔 다음 감자전분을 묻혀 수분이 스며들면 튀김옷을 만들어 넣는다.
3. 팬에 식용유를 넣고 170℃ 정도가 되면 고등어를 넣어 바싹하게 두 번 튀겨 낸다.
4. 팬에 강정소스를 넣고 끓으면 튀겨 놓은 고등어를 넣고 윤기 나게 굴려 낸다.

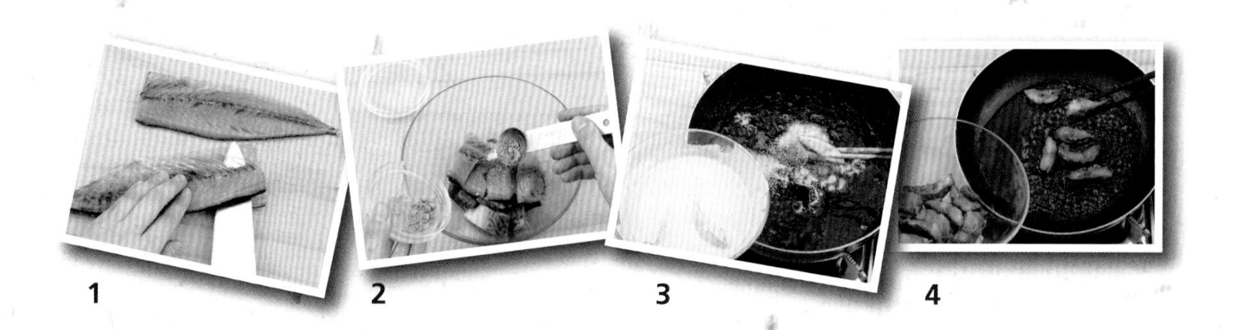

1 2 3 4

tip

- 고등어를 튀겨 뜨거울 때 소스에 묻히는 것이 좋다.
- 녹차가루 대신 카레가루를 이용해도 좋다.
- 고등어의 색이 어두우므로 고등어를 튀길 때 시간에 유의한다.

복숭아효소꼬막탕수

복숭아효소꼬막탕수

재료 및 분량

- 꼬막 300g

밑간
- 생강즙 1작은술 · 청주 1작은술
- 후춧가루 $\frac{1}{4}$작은술 · **생강효소액 $\frac{1}{2}$큰술**

튀김옷
- 옥수수전분 4큰술 · 감자전분 4큰술
- 계란 $\frac{1}{2}$개 · 단호박 50g · 청피망 1개
- 홍피망 $\frac{1}{3}$개 · 밀가루 1큰술

소스
- 물 2컵 · **복숭아효소액 10큰술**
- 식초 6큰술 · 소금 $\frac{2}{3}$큰술 · 케첩 $\frac{2}{3}$컵
- 물전분 2큰술

만드는 법

1 꼬막을 문질러 깨끗이 씻고 센불에서 물이 끓으면 입이 벌어질 때까지 삶아 껍질을 벗기고 다시 한 번 씻어 물기를 빼고 밑간을 한 다음 20분 정도 둔다.

2 꼬막에 밀가루를 입혀 수분이 흡수되면 튀김옷을 만들어 꼬막에 묻힌다.

3 단호박과 청.홍피망은 삼각 썰기 하여 팬에 식용유를 넣고 130℃정도에서 튀기고 다시 온도를 180℃로 올려 꼬막을 튀긴다.

4 냄비에 분량의 소스재료를 넣고 5분정도 끓인다음, 튀긴 채소와 꼬막을 그릇에 담고 소스를 올려낸다.

tip

- 튀김옷은 튀기기 직전에 옷을 입혀야 기름이 튀지 않고 모양이 난다.
- 꼬막은 오래 삶으면 질겨진다.
- 채소는 기름에 살짝 튀겨 색을 살린다.

참깨소스미역오이무침

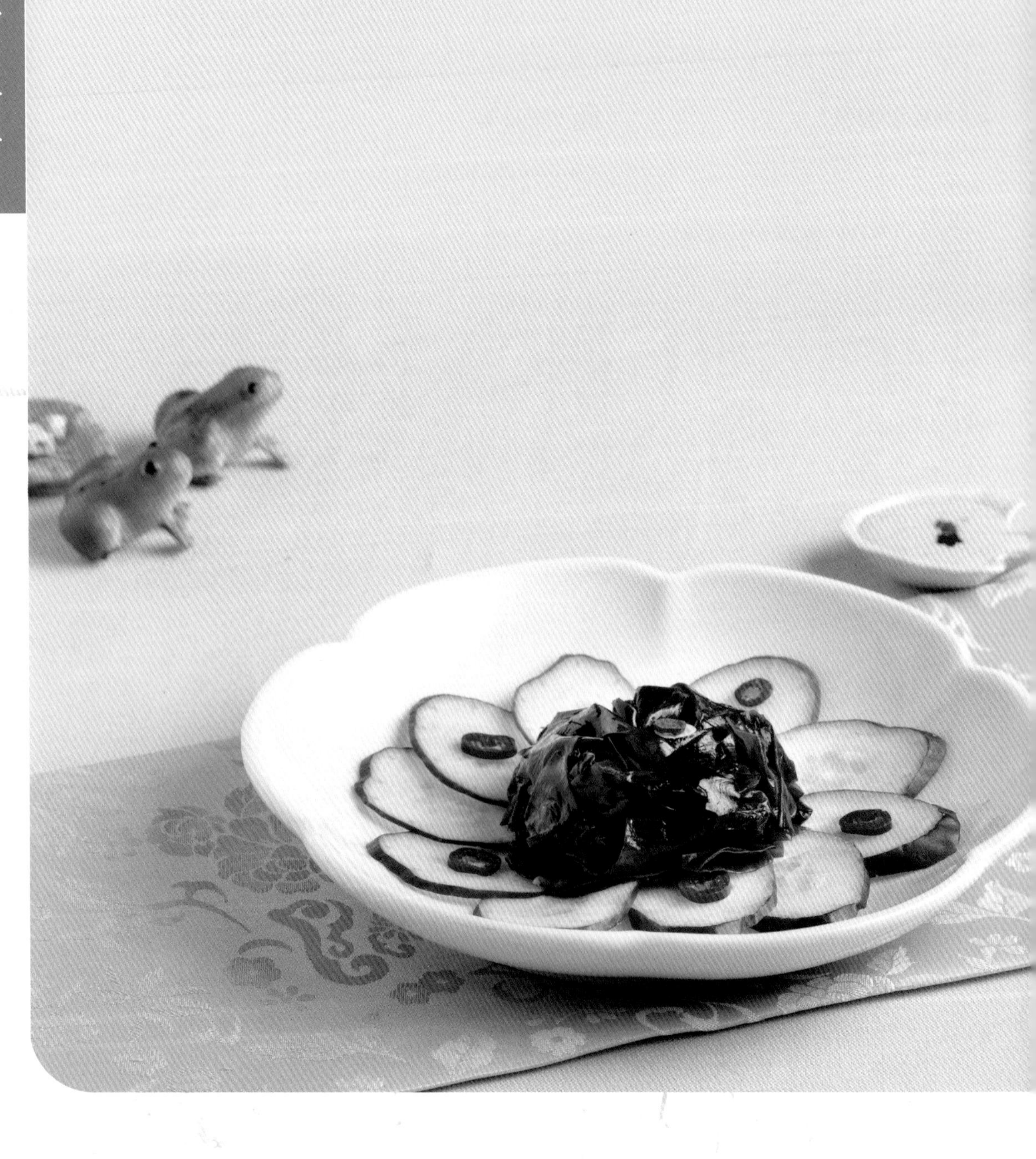

참깨소스미역오이무침

재료 및 분량

- 건미역 30g
- 오이 100g($\frac{1}{2}$개)
- 소금 $\frac{1}{8}$작은술
- 홍고추 15g($\frac{1}{2}$개)

참깨소스

- 다시마물 5큰술
- 참깨 5큰술
- 발효겨자 1작은술
- 마요네즈 2큰술
- 식초 3큰술 · 진간장 1큰술
- **양파효소액 3큰술**
- 소금 $\frac{1}{2}$작은술

만드는 법

1. 미역은 불려서 깨끗이 씻어 끓는 물에 데쳐 2~3cm 크기로 썬다.
2. 오이는 어슷 썰어 소금에 살짝 절인다.
3. 홍고추는 0.3cm 두께로 둥글게 썰어 물에 헹구어 씨를 뺀다. 분량의 참깨소스를 만든다.
4. 준비한 재료에 참깨소스를 만들어 넣고 버무린다.

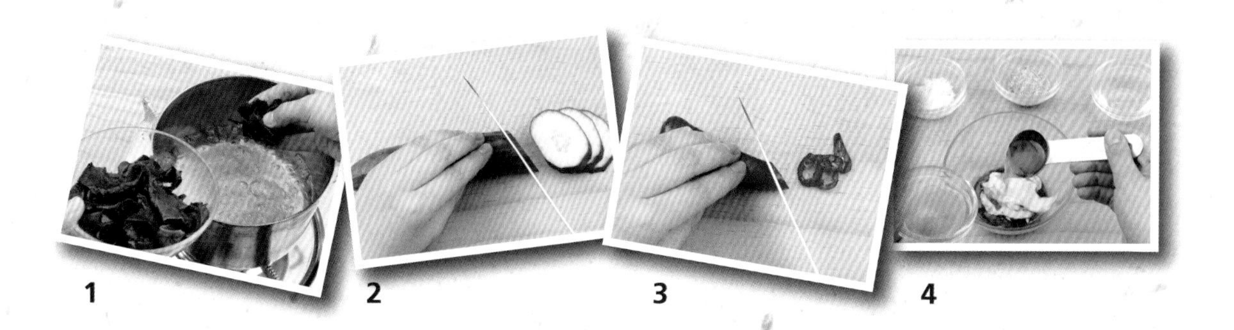

1 2 3 4

tip

- 미역은 파랗게 살짝 데친다.
- 오이는 소금에 아삭하게 절인다.
- 소스를 차게 준비해 두었다가 먹기 직전에 버무려 낸다.

해물청포묵무침

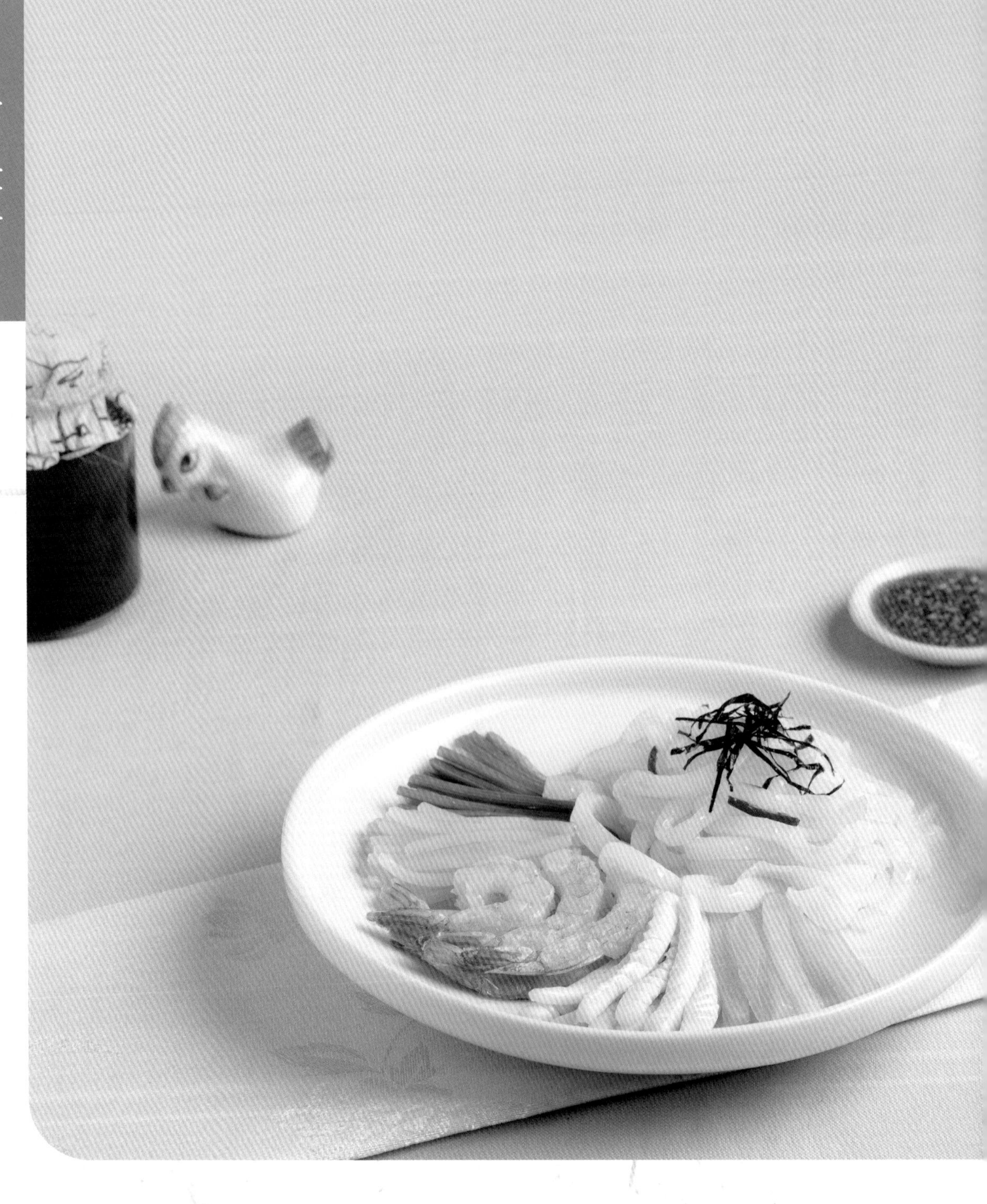

해물청포묵무침

재료 및 분량

- 청포묵 350g(½모)
- 숙주 100g • 미나리 50g
- 오징어 ½마리
- 칵테일새우 10마리
- 노랑 파프리카 ½개
- 홍고추 ½개 • 김 ¼장

밑간

- 참기름 1큰술 • 소금 ½작은술

양념장

- 간장 1큰술
- **미나리효소액 3큰술**
- 식초 2큰술 • 깨소금 1작은술

만드는 법

1. 청포묵은 길이 6cm, 폭 0.5cm로 채 썬다.
2. 끓는 물에 썰어 놓은 청포묵을 넣고 살짝 데친다. 숙주는 머리와 꼬리를 떼어내고, 미나리는 줄기만 준비하고, 끓는 물에 소금을 넣고 각각 데친다.
3. 오징어는 껍질을 벗겨 깨끗이 씻어 안쪽에 칼집을 넣고 칵테일 새우와 함께 끓는 물에 데쳐서 오징어는 0.5cm 폭으로 채 썬다. 노랑 파프리카와 홍고추는 곱게 채 썰고 김은 부순다.
4. 청포묵과 숙주, 미나리, 오징어는 각각 밑간을 하고 모든 재료를 함께 넣고 양념장을 만들어 넣고 버무린다.

1 2 3 4

tip

- 숙주를 살짝 데쳐야 아삭거리는 질감이 좋다.
- 숙주와 미나리는 미리 데쳐서 시원하게 냉장고에 둔다.
- 먹기 직전에 무쳐야 물이 생기지 않으며 식감이 좋다.

민들레더덕샐러드

민들레더덕샐러드

재료 및 분량

- 더덕 2뿌리
- 식초물(물 1컵 : 식초 1큰술, 설탕 1큰술)
- 비트 20g · 물 1컵 · 감자 ½개
- 양상추 50g · **민들레잎 30g**

소스

- 두부 100g · 더덕잔뿌리 30g
- 잣가루 1큰술 · 비트 5g
- 설탕 1큰술 · 식초 4큰술
- 소금 ½큰술 · 올리브유 10큰술
- **도라지효소액 4큰술**

만드는 법

1. 더덕은 껍질을 벗기고 깨끗이 씻어 길이 4㎝, 두께 0.2㎝로 저며서 식초물에 20분 정도 담근다.
2. 비트는 5㎝ 길이로 곱게 채 썰어 물에 헹궈 비트물이 우러나면 감자를 0.2㎝ 두께로 썰어 담그고, 양상추는 손으로 먹기 좋게 잘라 찬물에 담근다.
3. 민들레잎은 깨끗이 손질하여 씻어서 4~5㎝ 길이로 잘라 찬물에 담근다.
4. 믹서에 분량의 소스재료를 넣고 곱게 갈아서 소스를 만든다. 접시에 샐러드 재료를 담고 준비한 소스를 올려낸다.

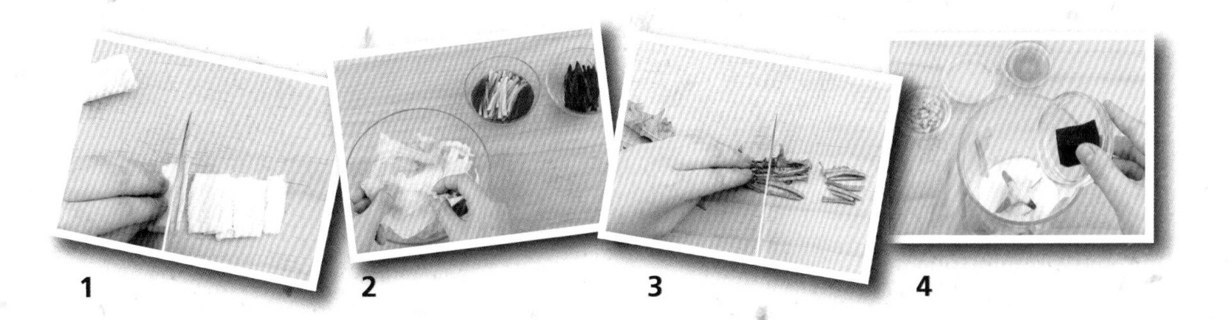

1 2 3 4

tip

- 더덕은 식초물에 담가 쓴맛을 빼고 싱싱하게 한다.
- 양상추는 물에 담가 냉장보관 해야 아삭거린다.
- 감자는 전분을 빼서 비트물에 담가야 예쁘게 물이 든다.
- 민들레잎도 물에 담가 쓴맛을 빼준다.

산야초새우샐러드

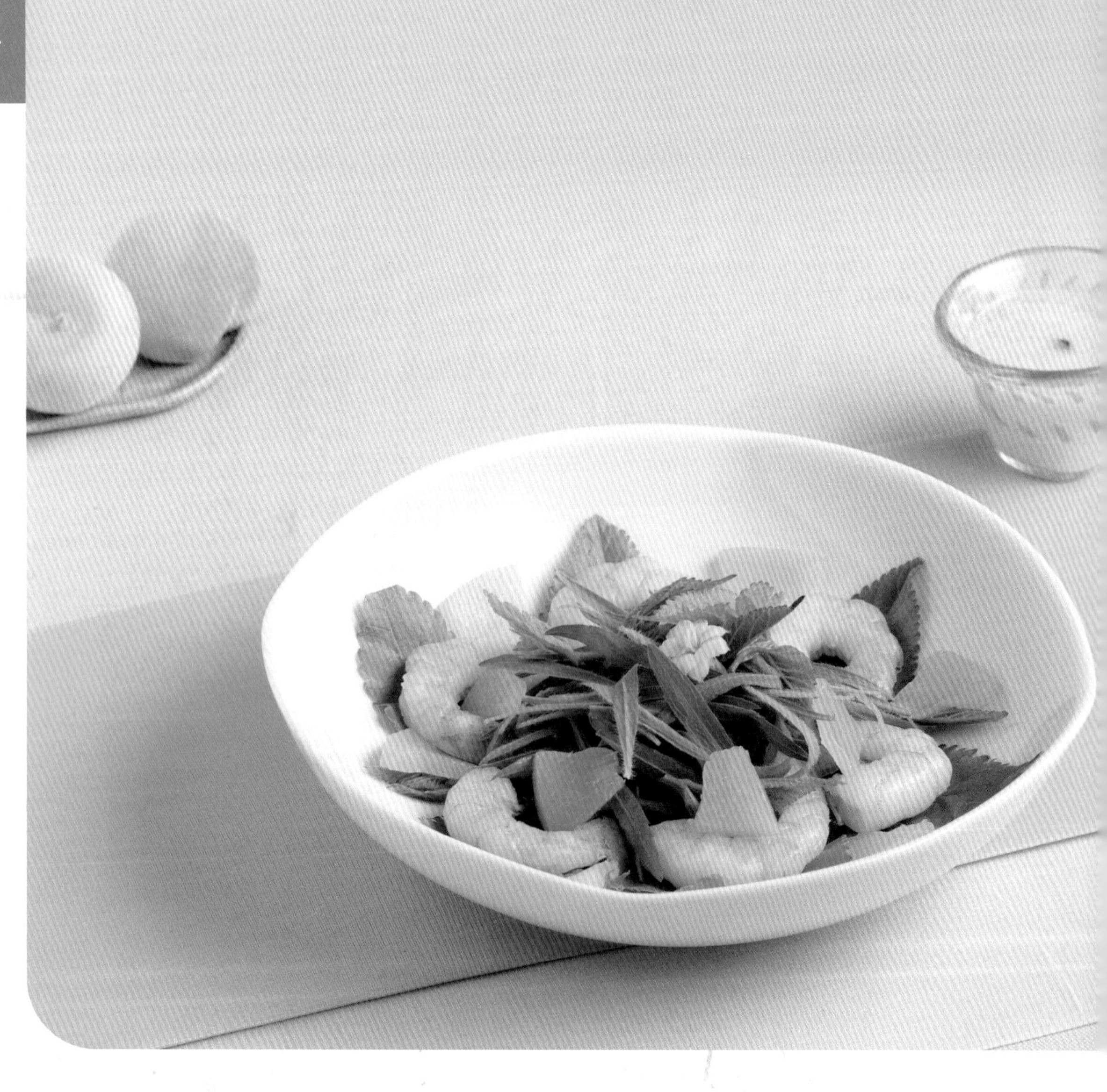

산야초새우샐러드

재료 및 분량

- 새우 10마리 · 소금 $\frac{1}{8}$작은술
- 산야초잎 50g · 복숭아 $\frac{1}{2}$개

소스

- 포도씨유 $2\frac{1}{2}$큰술
- **복숭아효소액 $2\frac{1}{2}$큰술**
- 감식초 $2\frac{1}{2}$큰술
- 잣 $\frac{1}{2}$큰술 · 복숭아 1개
- 마늘 2톨 · 소금 $\frac{1}{8}$작은술

만드는 법

1. 새우는 끓는 물에 소금을 넣고 데친다.
2. 산야초는 깨끗이 씻어 물에 20~30분 담갔다가 냉장고에 차게 보관한다.
3. 복숭아는 두께 0.3㎝, 길이 4~5㎝ 정도로 썬다. 믹서에 소스재료를 넣고 곱게 갈아서 소스를 만든다.
4. 접시에 샐러드재료를 담고 준비한 소스를 올려낸다.

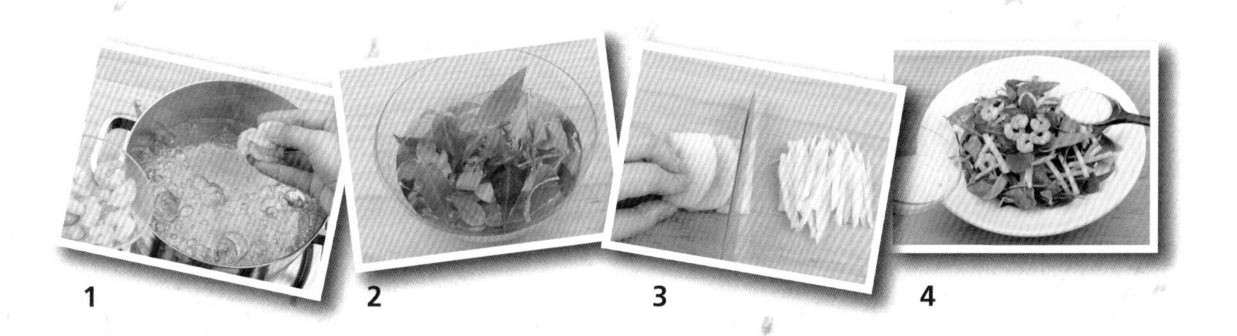

1 2 3 4

tip

- 산야초는 향이 너무 강하지 않고 어린잎을 이용해야 부드럽다.
- 산야초를 물에 담가 강한맛을 빼고 냉장 보관하여 싱싱하게 한다.
- 복숭아가 없는 계절에는 통조림복숭아를 사용한다.

홍시소스연어샐러드

홍시소스연어샐러드

재료 및 분량

- 양상추 40g · 산야초 15g
- 훈제연어 50g
- 날치알 10g

소스

- 홍시 $\frac{1}{2}$개
- **매실효소액 1$\frac{1}{2}$큰술**
- 감식초 1$\frac{1}{2}$큰술
- 소금 $\frac{1}{8}$작은술

만드는 법

1. 양상추와 산야초는 다듬어 먹기 좋게 찢어 찬물에 20~30분 정도 담갔다가 건져 물기를 뺀다.
2. 훈제연어는 얇게 저민다.
3. 믹서에 홍시소스 재료를 넣고 간다.
4. 양상추와 산야초에 훈제연어와 날치알을 넣고 함께 버무린 다음 홍시소스를 올려 낸다.

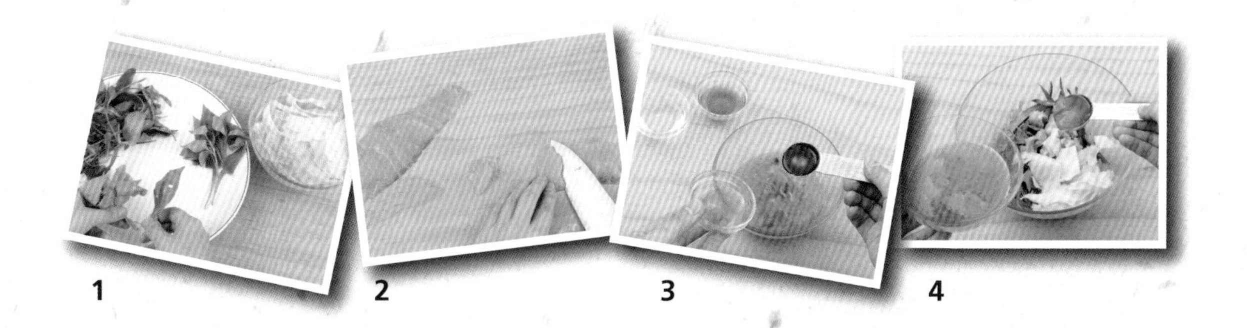

1 2 3 4

tip

- 양상추와 산야초는 물에 담가 냉장보관하면 싱싱하고 아삭거린다.
- 훈제연어는 약간 얼어있을 때 썰면 좋다.
- 소스는 미리 만들어 차게 해 놓는다.

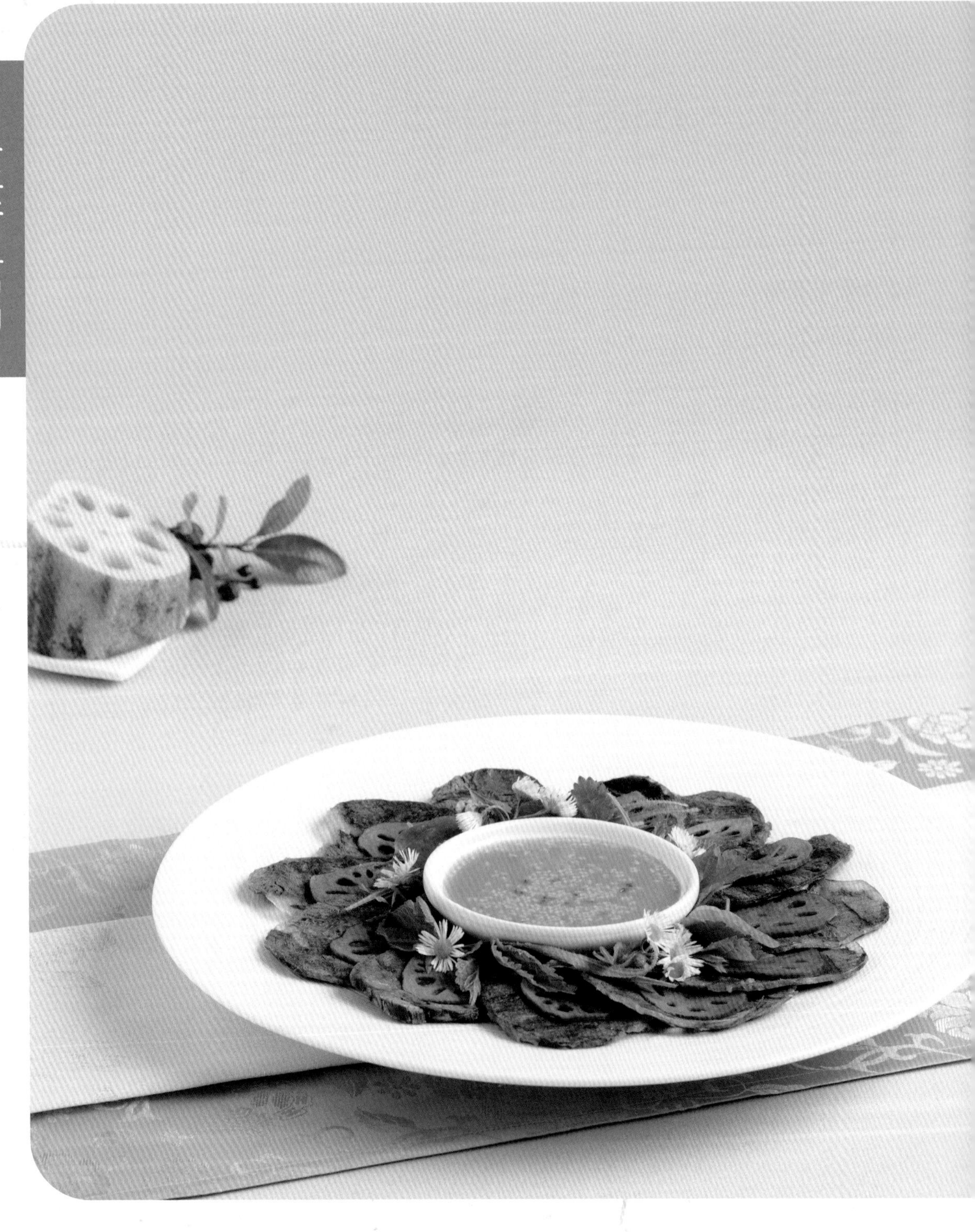

연근효소편육냉채

재료 및 분량

- 쇠고기(아롱사태) 400g
- **당절임연근 30g**
- 산야초잎 20g

고기삶는 재료

- **배효소액 3큰술** · 무 50g · 대파 1개
- 마늘 3개 · 청주 1큰술 · 통후추 10알

소스

- 연겨자 ½큰술 · **연근효소액 1½큰술**
- 바나나식초 1큰술 · 요구르트 ⅓병
- 간장 ¼작은술, 홍고추 ½개
- 다진마늘 1작은술 · 통깨 1작은술
- 소금 ¼작은술

만드는 법

1. 쇠고기는 핏물을 닦는다. 냄비에 물을 붓고 센불에 올려 끓으면 쇠고기를 넣고 20분 정도 끓이다가 고기 삶는 재료를 넣고 40분 정도 더 삶아 편육을 만든다.
2. 당절임연근과 편육을 얇게 저며 놓는다.
3. 산야초잎은 깨끗이 씻어 건져 놓는다. 분량의 소스를 만든다.
4. 접시 가장자리에 편육과 당절임연근을 얇게 썰어 돌려 담고 가운데 산야초를 올려 준비한 소스와 함께 낸다.

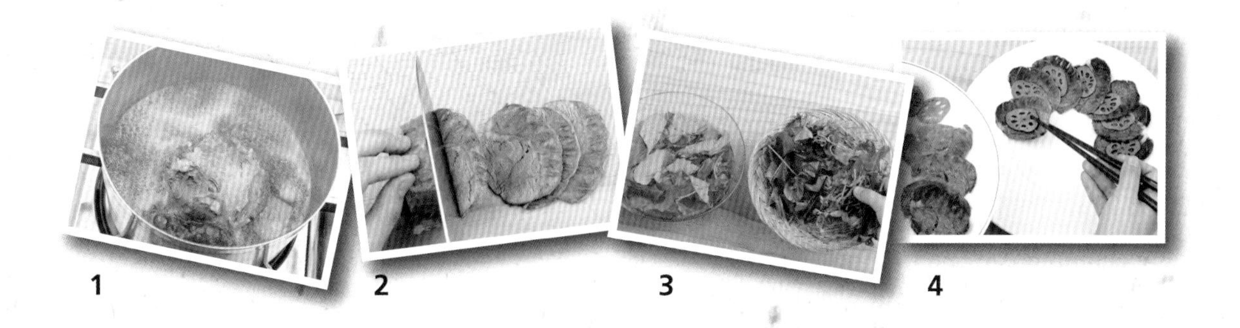

1 2 3 4

tip

- 쇠고기 삶을 때 사용하는 향채는 고기가 반쯤 익어 단백질이 응고되었을 때 넣어주는 것이 누린내 제거에 더 효과적이며 고기의 향이 좋다.
- 쇠고기를 편육으로 삶을 때는 끓는물에 넣어야 맛있는 육즙이 많이 용출되지 않아 고기가 맛있다.

배효소불고기냉채

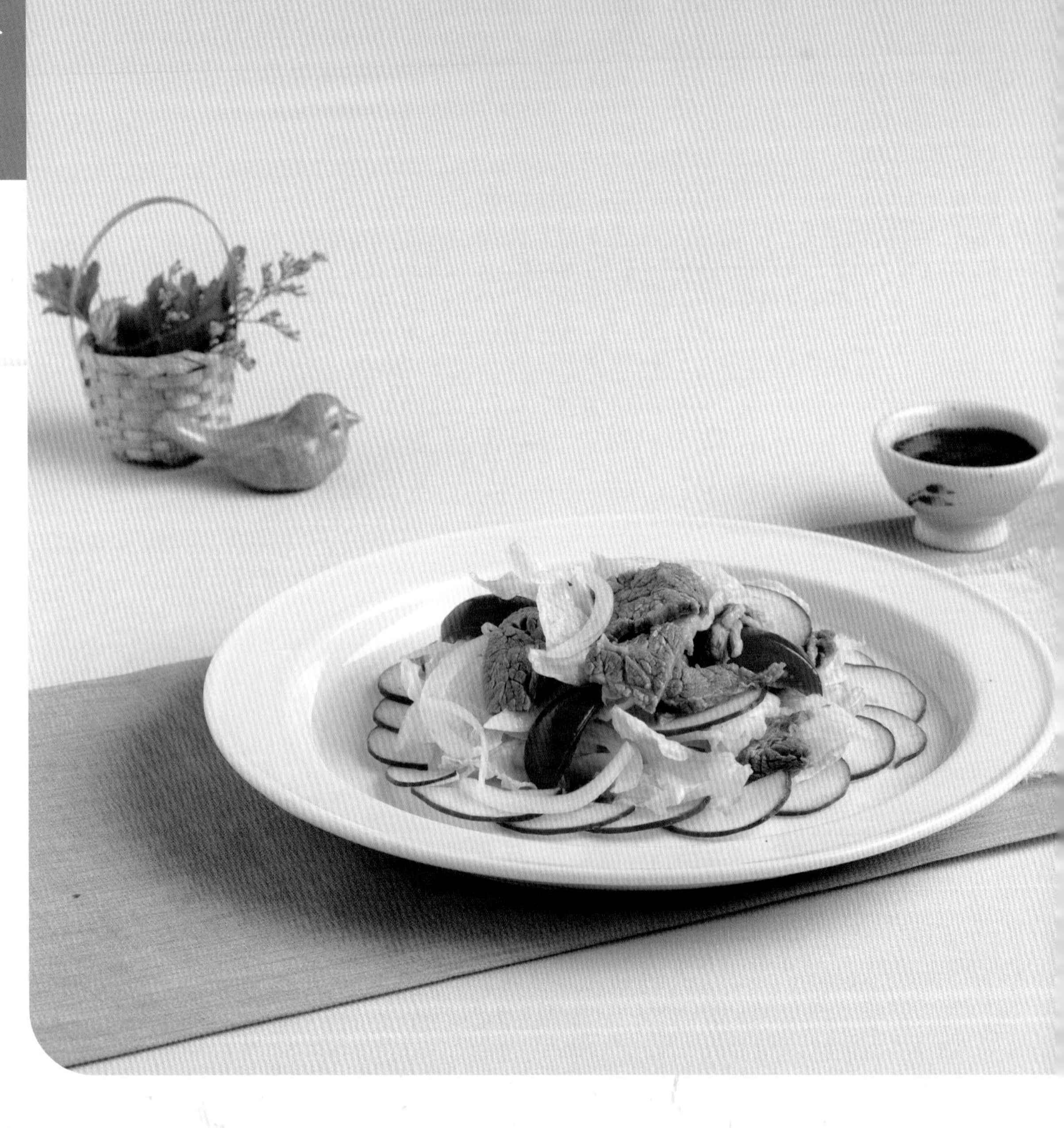

배효소불고기냉채

재료 및 분량

- 쇠고기 100g · 식용유 1큰술

쇠고기 양념

- 간장 $\frac{1}{2}$큰술 · **배효소액 1작은술**
- 청주 $\frac{1}{8}$작은술 · 감자전분 1큰술
- 양상추 100g · 양파 50g · 오이 $\frac{1}{3}$개
- 방울토마토 5개

소스

- 굴소스 $1\frac{1}{2}$큰술 · 굵게다진 마늘 2큰술
- **배효소액 3큰술** · 식초 2큰술

만드는 법

1. 쇠고기는 핏물을 닦고 얇게 썰어 쇠고기 양념을 넣고 20분 정도 재운다.
2. 양상추는 손으로 찢어 물에 담그고, 양파는 가늘게 채 썰고, 오이는 길이로 2등분하여 어슷 썰고, 방울 토마토는 2등분한다.
3. 냄비에 물을 붓고 센불에 올려 끓으면 식용유를 넣고 양념한 쇠고기를 넣어 핏물이 없어질 정도로 살짝 데친다.
4. 그릇에 채소와 고기를 돌려 담고 분량의 소스를 만들어 올려낸다.

1 2 3 4

tip

- 쇠고기양념의 전분은 고기의 육즙이 밖으로 빠져 나가는 것을 적게 한다.
- 고기를 살짝 데쳐야 뻣뻣하지 않고 육질이 부드럽다.
- 채소는 미리 만들어 차게 준비하고 고기는 먹기 직전에 데쳐야 부드럽고 맛이 있다.

배효소버섯냉채

배효소버섯냉채

재료 및 분량

- 새송이버섯 2개 • 오이 $\frac{1}{2}$개
- 청 · 노랑피망 $\frac{1}{2}$개씩
- 깻잎 5장 • 배 $\frac{1}{2}$개

소스

- 오렌지주스 4큰술
- 연겨자 $\frac{1}{2}$큰술
- **배효소액 3큰술**
- 레몬즙 2큰술 • 잣가루 2큰술
- 소금, 후춧가루 $\frac{1}{8}$작은술씩

만드는 법

1. 새송이버섯은 깨끗이 씻어 길이로 반을 자르고 0.2cm 두께로 썰어 살짝 데친다.
2. 오이는 4~5cm 길이로 자르고 돌려 깎아 채 썰고 청 · 노랑색 파프리카, 깻잎도 같은 길이로 채썰어 각각 찬물에 헹구어 물기를 뺀다.
3. 배는 오이와 같은 크기로 채 썬다.
4. 준비한 모든 채소에 분량의 소스를 만들어 넣고 버무린다.

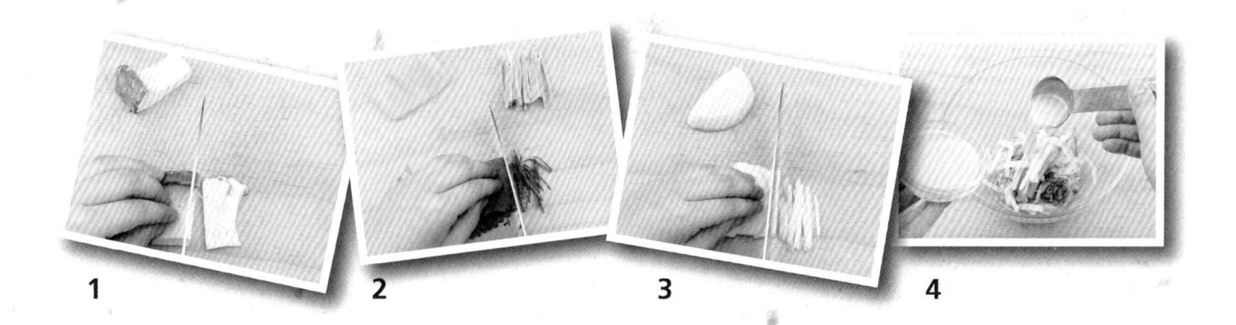

tip

- 배를 미리 썰어 놓은 경우 설탕물에 담가 갈변하지 않도록 한다.
- 버섯은 살짝 데쳐야 향이 좋고 질감이 좋다.
- 채소를 물에 담가 냉장고에 넣으면 더 싱싱하고 진하다.
- 소스도 미리 만들어 냉장고에 넣어 차게 해 놓는다.

두부새송이구이

재료 및 분량

- 두부 1/2모(200g) · 새송이버섯 2개
- 소금 1큰술 · 후춧가루 $\frac{1}{4}$작은술
- 녹말가루 1큰술 · 칵테일새우 50g
- 참기름 1큰술 · 식용유 1큰술
- 깻잎 5장

양념소스

- 참기름 1큰술, 간장 2큰술
- **양파효소 1큰술**
- 소금과 후춧가루 $\frac{1}{4}$작은술씩
- 물전분 1큰술
- 다진마늘 1큰술

만드는 법

1 두부는 0.5cm 두께의 매화모양으로 썰고, 새송이는 두께 0.5cm 정도로 둥글게 썰어 소금과 후춧가루로 밑간을 한다.

2 달궈진 팬에 식용유를 두르고 두부와 새송이에 전분을 묻혀 지진다.

3 칵테일새우는 끓는 물에 살짝 데쳐 소금과 후춧가루, 참기름으로 밑간을 하고 깻잎은 0.1cm로 채 썰어 찬물에 10분 정도 담갔다가 마른행주로 물기를 닦고 식용유에 파랗게 튀긴다.

4 냄비에 양념소스 재료를 넣고 끓여 소스를 만든다. 두부 위에 버섯을 올리고 소스를 얹고 튀긴 깻잎을 고명으로 올린다.

1 2 3 4

tip

- 두부는 겉면을 노릇하게 지진다.
- 새우는 살짝 데쳐야 질기지 않다.
- 깻잎을 튀길 때는 센불에 튀겨 바로 꺼내야 색을 살릴 수 있다.
- 물녹말은 전분과 물을 1:1로 혼합한다.

도라지효소불고기

도라지효소불고기

재료 및 분량

- 통도라지 100g

도라지조림장

- 간장 1큰술 · **도라지효소액 1큰술**
- 다진파 1작은술 · 다진마늘 1작은술
- 참기름 1작은술
- 쇠고기(등심) 200g

쇠고기양념

- 간장 1큰술 · **배효소액 1큰술**
- 다진마늘 1작은술 · 참기름 1큰술
- 청주 1작은술
- 후춧가루 $\frac{1}{8}$작은술

만드는 법

1. 도라지는 깨끗이 씻어 껍질을 벗기고 소금으로 주물러 쓴맛이 빠지면 길이 4cm, 두께 2mm로 썰어 밀대로 살짝 민다.
2. 팬에 도라지와 조림장을 넣고 졸인다.
3. 쇠고기는 핏물을 빼고 양념장에 10분 정도 재운다.
4. 팬을 달구어 양념한 쇠고기를 넣고 구워서 그릇에 담고 조린 도라지도 함께 담는다.

1 2 3 4

tip

- 도라지의 쓴맛은 소금물에 10분 정도 담가 주물러 뺀다.
- 도라지는 살짝 구워야 아삭하다.
- 도라지 대신 더덕을 활용해도 좋다.

배효소불고기꼬지

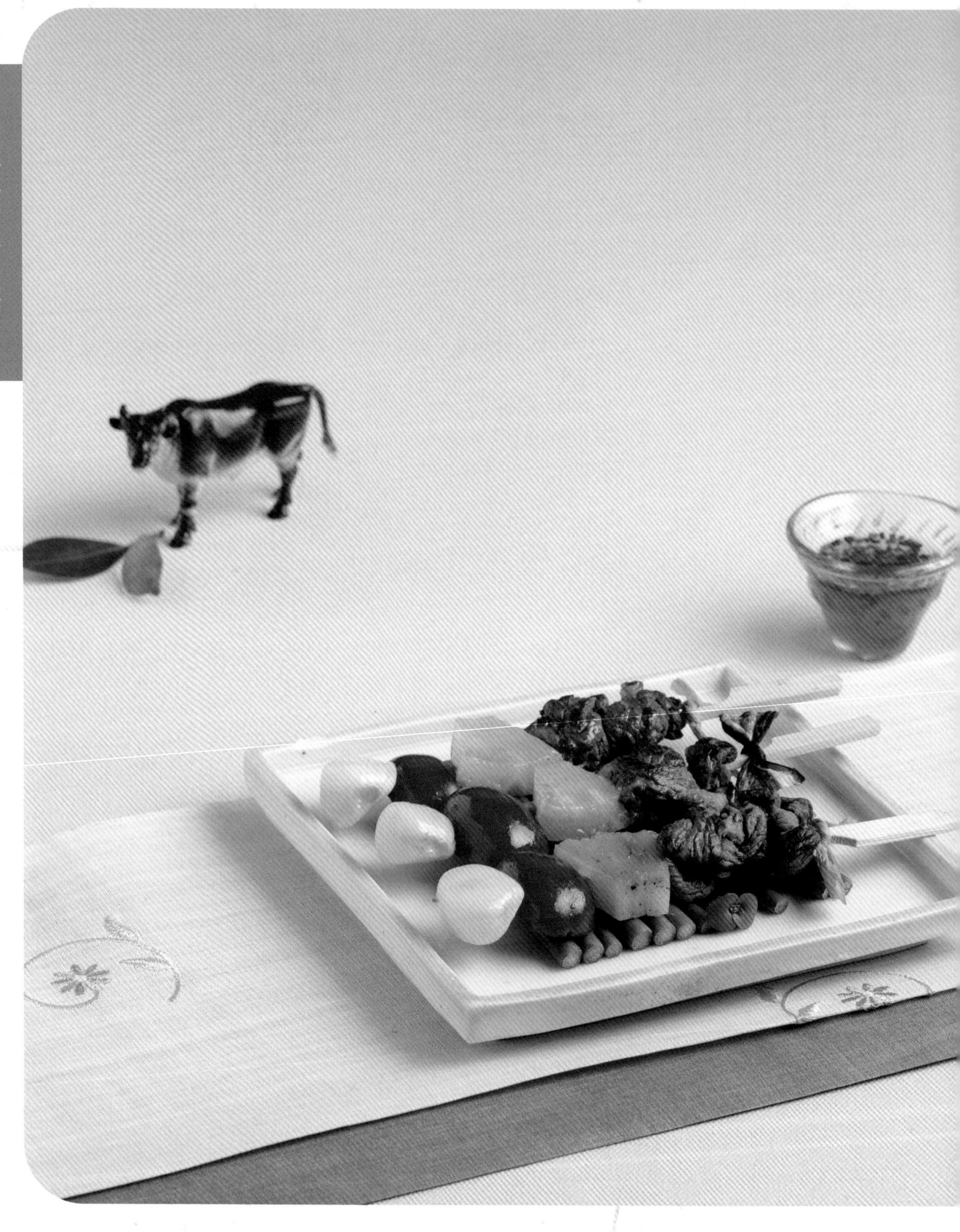

배효소불고기꼬지

재료 및 분량

- 쇠고기 등심 100g

고기양념
- 간장 $\frac{1}{2}$큰술
- **배효소액 1작은술**
- 참기름 1작은술
- 다진마늘 1작은술 · 청주 1작은술
- 후춧가루 $\frac{1}{8}$작은술 · 마늘 8개
- 소금 $\frac{1}{8}$작은술 · 파인애플 1조각
- 방울토마토 4개

소스
- 식초 1큰술 · **배효소액 2큰술**
- 간장 $\frac{1}{2}$작은술
- 청 · 홍고추 $\frac{1}{2}$개씩

만드는 법

1. 쇠고기는 핏물을 닦고 가로 2cm, 세로 3cm, 두께 0.3cm로 썰어 고기양념에 재운다.
2. 마늘은 끓는 물에 소금을 넣고 5분 정도 데치고, 파인애플은 8조각으로 자르고 방울토마토는 길이로 2등분한다.
3. 양념한 고기를 산적꼬지에 돌돌말아 꽂고, 파인애플, 토마토, 마늘 순으로 꽂는다.
4. 청·홍고추를 다져서 분량의 소스재료와 골고루 섞어 소스를 만들고 달구어진 팬에 꼬지를 놓고 중불에서 고기가 익을 때까지 앞뒤로 구워 소스와 함께 곁들여 낸다.

1 2 3 4

tip

- 마늘은 향이 강하므로 데칠 때 완전히 익혀야 한다.
- 방울토마토는 단단한 것이 신선하고 꼬지에 꽂기 좋다.
- 중불에서 적당히 구워야 고기가 딱딱하지 않다.
- 재료를 꼬지에 꽂고 소스를 발라 구워도 좋다.

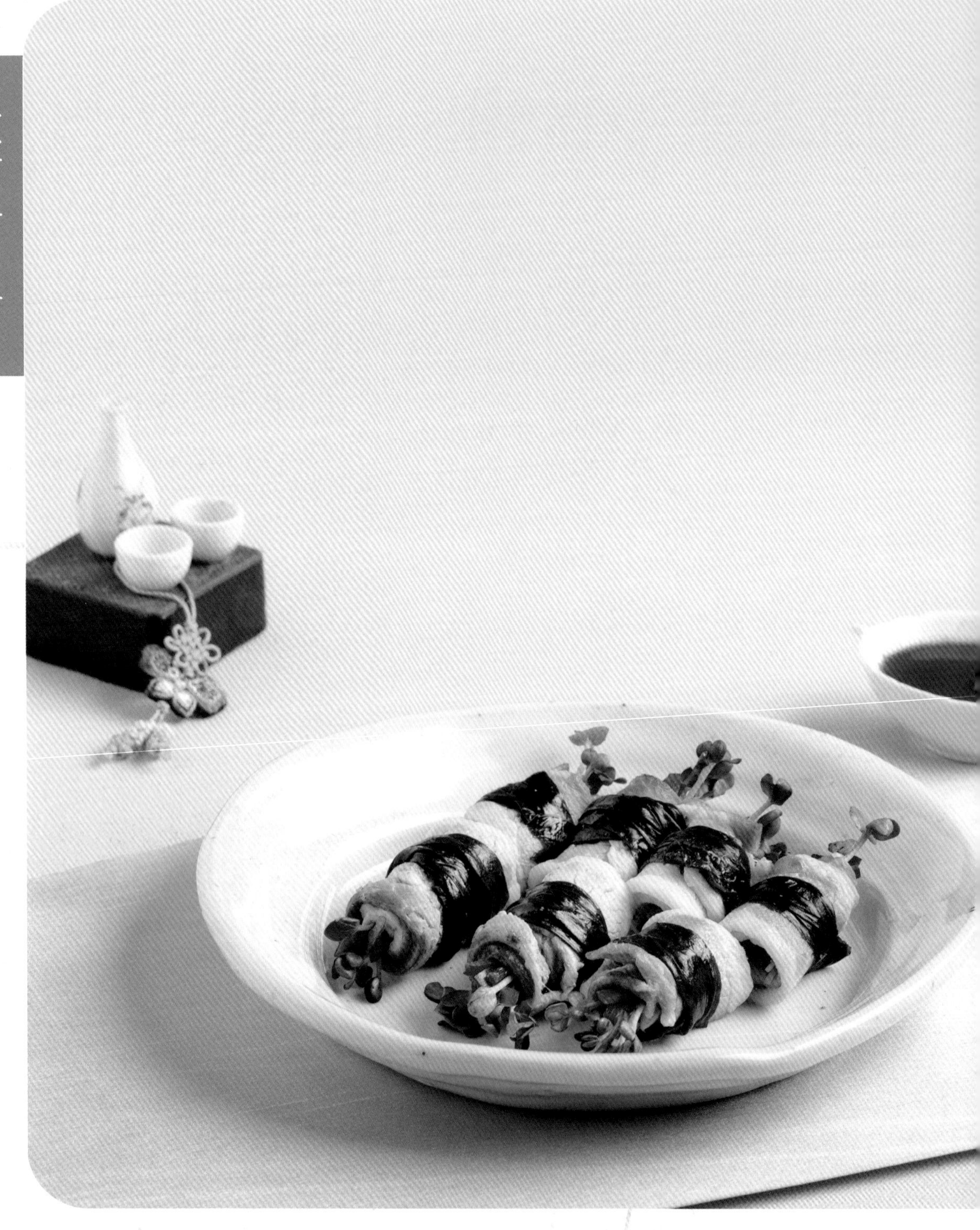

효소삼겹살미역말이

재료 및 분량

- 마른미역 10g · 삼겹살 200g
- 녹차소금 1작은술 · 무순 15g
- 홍고추 1개

소스

- 고추장 1큰술
- **사과효소액 1큰술**
- **마늘효소액 $\frac{1}{2}$큰술**
- 감식초 1큰술
- 연겨자 $\frac{1}{2}$작은술

만드는 법

1 마른미역은 따뜻한 물에 불려 끓는 물에 파랗게 데친다.

2 삼겹살은 녹차소금을 뿌려서 중불에서 굽는다.

3 무순은 찬물에 씻고, 홍고추는 길이로 반을 가른 후 씨를 빼고, 길이 3cm 정도로 채 썬다. 분량의 소스를 만든다.

4 구운 삼겹살을 2등분하여 홍고추와 무순을 넣고 미역으로 감은 다음 준비한 소스와 함께 낸다.

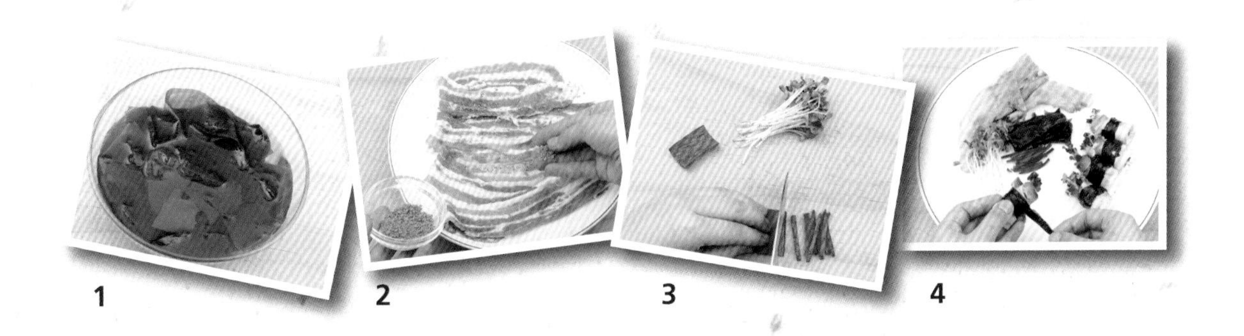

1 2 3 4

tip

- 미역을 데치면 날비린내가 나지 않고 색이 파랗다.
- 녹차소금은 구운 소금과 녹차가루를 섞어 만든다.
- 녹차는 고기의 누린내를 없애는데 도움을 준다.

효소뿌리채소전

재료 및 분량

- 도라지 30g · 더덕 30g
- 우엉 30g · 연근 30g · 무 30g

반죽

- 현미찹쌀가루 ½컵
- 통밀가루 ½컵 · 물 ½컵
- 소금 ¼작은술
- 산야초 가루 1큰술
- 밀가루 2큰술
- 식용유 2큰술

초장

- 간장 2큰술 · 물 1큰술
- 식초 1큰술 · **무효소액 1작은술**

만드는 법

1. 모든 뿌리채소는 손질하여 깨끗이 씻고 도라지와 더덕, 우엉은 길이 5cm, 연근은 0.3cm 두께로 썰고, 무는 0.5cm 두께로 썬다. 도라지와 더덕은 소금물에 담가 씻어서 쓴맛을 뺀다.
2. 끓는 물에 소금을 넣고 각각의 뿌리채소를 데친 다음 물기를 뺀다.
3. 분량의 재료로 반죽을 하고 데쳐낸 뿌리에 밀가루를 묻힌다.
4. 달구어진 팬에 식용유를 두르고 반죽을 재료에 묻혀 약불에서 지진 다음 초장을 곁들여 낸다.

1 2 3 4

tip

- 도라지와 더덕은 소금물에 담가서 쓴맛을 우려낸 후 사용하면 좋다.
- 더덕은 깨끗이 씻어 살짝 굽거나 끓는 물에 데쳐 껍질을 벗기면 좋다.
- 연근과 우엉은 껍질을 벗기면 갈변되기 쉬우므로 식초물에 담가두고 사용한다.

산야초두부전

산야초두부전

재료 및 분량

- 두부 $\frac{1}{4}$모(100g) · 산야초 20g
- 숙주 30g · 볶은땅콩 10g
- 홍고추 $\frac{1}{2}$개

반죽

- 밀가루 1큰술
- 현미찹쌀가루 2큰술
- 다시마물 $\frac{1}{4}$컵 · 소금 $\frac{1}{2}$작은술
- 포도씨유 3큰술

양념소스

- 간장 1큰술 · 감식초 $\frac{1}{2}$큰
- **산야초효소액 $\frac{1}{2}$큰술** · 물 1큰술
- 홍고추 $\frac{1}{2}$개 · 통깨 $\frac{1}{2}$작은술

만드는 법

1. 두부는 으깬다.
2. 산야초와 숙주는 깨끗이 손질하여 씻은 다음 끓는 물에 살짝 데쳐 찬물에 헹구어 꼭 짠다. 땅콩은 껍질을 벗기고 갈아서 가루로 만들고, 홍고추는 동그랗게 썬다.
3. 으깬 두부에 산야초, 숙주, 땅콩가루를 넣고 반죽한다. 양념소스를 만든다.
4. 팬을 달구어 식용유를 두르고 준비한 재료에 밀가루를 묻히고, 반죽을 씌워 약한 불에서 고추 고명을 올려 노릇하게 지진 다음 양념소스와 함께 낸다.

1 2 3 4

tip

- 다시마는 잎이 두껍고 검은 빛이 도는 것이 좋다.
- 다시마물은 끓는 물에 다시마를 넣고 1시간 정도 담가두었다가 사용하면 된다.
- 전을 지질 때 반죽의 농도는 되지 않게 수분을 잘 조절해야 부드럽다.

효소밀전병

재료 및 분량

- 연근효소절임 50g
- 마효소절임 50g
- 둥굴레효소절임 50g
- 비트효소절임 50g
- 노랑 파프리카 ½개 · 새싹 30g

밀전병 반죽

- 밀가루 ⅔컵 · 메밀가루 4큰술
- 뽕잎가루 1큰술 · 물 1컵
- 소금 1/5작은술 · 식용유 ½컵

초간장

- 진간장 2큰술 · 식초 1큰술
- 둥굴레효소액 2큰술 · 물 1큰술
- 잣가루 1큰술

만드는 법

1. 각각의 효소 절임은 먹기 좋게 자르고 노랑 파프리카는 3cm 길이로 곱게 채 썰고 새싹은 깨끗이 씻어 놓는다.
2. 밀전병 재료를 잘 섞어 체에 내려 반죽을 만든다.
3. 팬을 달구어 식용유를 두르고 중불에서 지름 7cm 정도로 얇게 밀전병을 부친다.
4. 각각의 절임과 채소를 접시 가장자리로 돌려 담고 가운데 밀전병을 놓거나 밀전병위에 채소를 말아서 초간장을 만들어 곁들여 낸다.

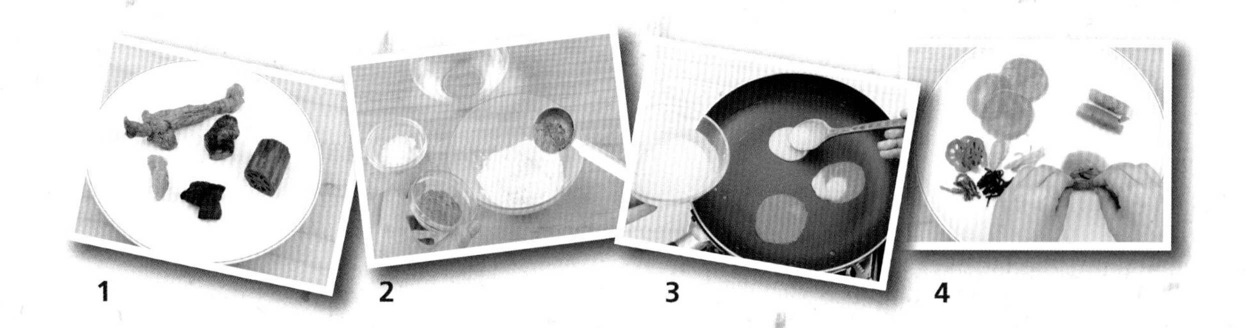

1 2 3 4

tip

- 밀전병은 반죽의 농도를 잘 맞추어 약불에 얇게 부친다.
- 밀전병 반죽은 1일 정도 냉장 숙성하면 더 얇고 찢어지지 않게 부칠 수 있다.
- 전병의 반죽 농도는 밀가루 4 : 물 5의 비율이 찢어지지 않고 가장 좋다.

효소파산적

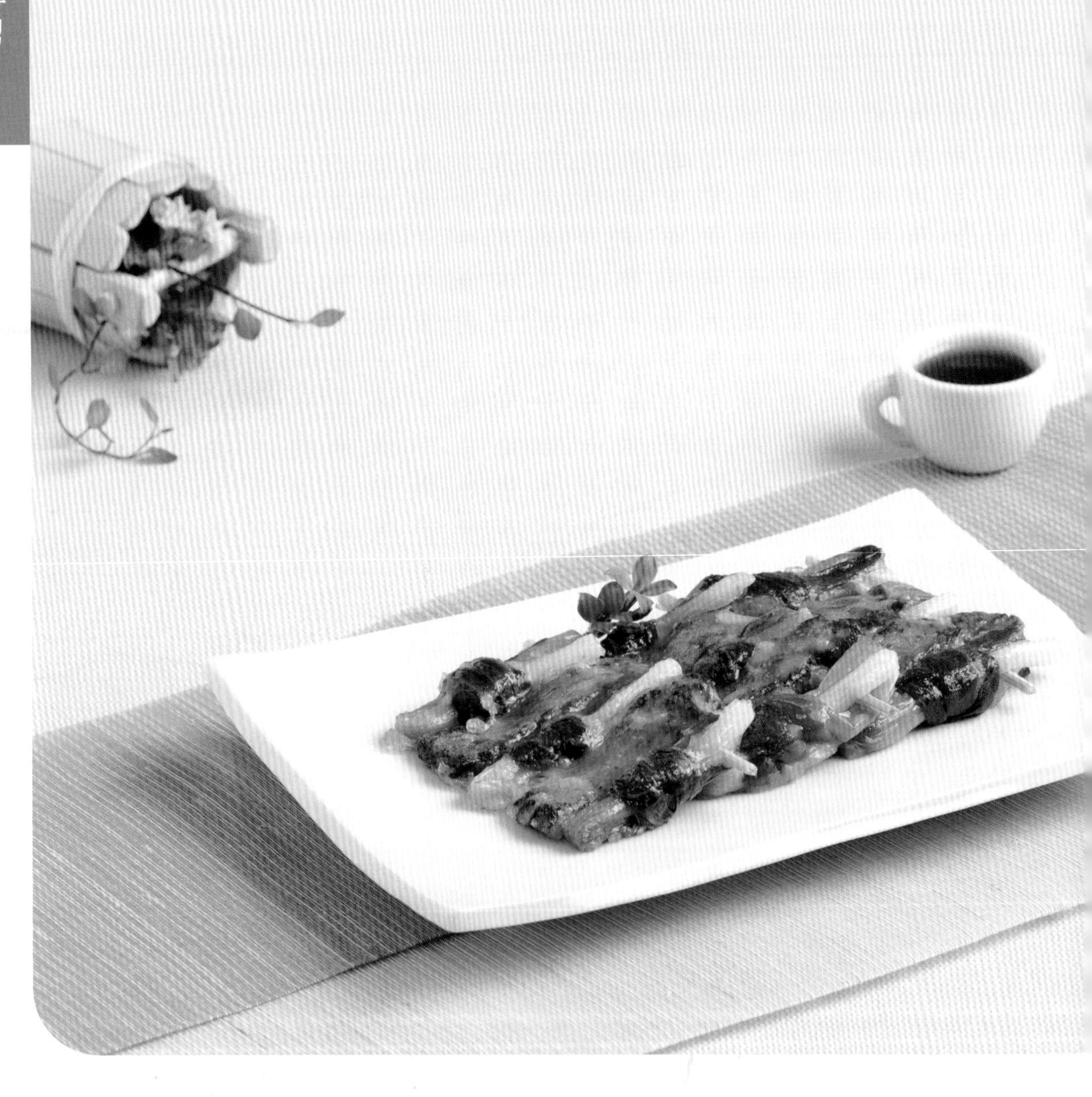

효소파산적

재료 및 분량

- 파 200g · 소금 $\frac{1}{5}$작은술

파양념
- 소금 $\frac{1}{2}$작은술 · 참기름 1작은술
- 쇠고기 200g

고기양념
- 간장 1큰술 · **배효소액 1작은술**
- 참기름 · 다진마늘 · 청주 1작은술씩
- 후춧가루 $\frac{1}{8}$작은술

반죽
- 밀가루 $\frac{1}{2}$컵 · 물 $\frac{1}{2}$컵
- 간장 $\frac{1}{2}$큰술 · 달걀 $\frac{1}{2}$개
- **부추효소액 $\frac{1}{2}$작은술**
- 식용유 4큰술

만드는 법

1 파는 껍질을 벗기고 깨끗이 씻은 후 끓는 물에 소금을 넣고 살짝 데친다.
2 데친 파는 파 양념을 하고 4~5cm 길이로 강회를 말아준다.
3 쇠고기는 6cm 길이로 썰어 잔칼집을 넣고 쇠고기 양념을 한다.
4 산적꼬지에 파와 고기 순으로 끼운 후 팬을 달구어 식용유를 두르고 반죽을 입혀 중불에서 지진다.

1 2 3 4

tip

- 파는 소금물에 살짝 데쳐 찬물에 헹구어야 색과 질감이 좋다.
- 쇠고기는 결 반대로 썰어 잔칼집을 넣어야 더 부드럽다.
- 쇠고기는 익으면 수축되므로 파보다 길게 자른다.

된장소스마튀김

된장소스마튀김

재료 및 분량

- 마 400g · 흑임자 1작은술
- 마늘 50g

튀김옷

- 찹쌀가루 1컵 · 전분 4큰술
- 물 $\frac{2}{3}$컵 · 소금 $\frac{1}{8}$작은술
- 마늘 50g · 밀가루 $\frac{1}{2}$큰술
- 식용유 1컵

된장소스

- 된장 1큰술 · **마효소액 3큰술**
- 식초 2큰술 · 마 40g
- 청고추 $\frac{1}{2}$개 · 홍고추 $\frac{1}{2}$개
- 설탕 1큰술

만드는 법

1. 마는 껍질을 벗겨 0.3cm 두께로 둥글게 썬다.
2. 찹쌀가루에 전분, 소금, 물을 넣어 튀김옷을 만든다.
3. 마늘은 중불에서 잘 익도록 튀겨낸다. 분량의 된장소스를 만든다.
4. 마에 밀가루를 묻히고 튀김옷을 입혀 130℃의 기름에 튀겨 기름을 뺀 후 흑임자를 뿌린 다음 된장소스와 함께 낸다.

1 2 3 4

tip

- 마늘은 낮은 온도에서 충분히 튀겨 익혀야 맵지 않다.
- 마에 마른가루로 속옷을 입혀야 수분이 흡수되어 튀길 때 기름이 튀지 않는다.
- 마는 살짝 튀겨내야 아삭거리는 질감을 느낄수 있고, 모양이 깔끔하다.

대추소스쇠고기튀김

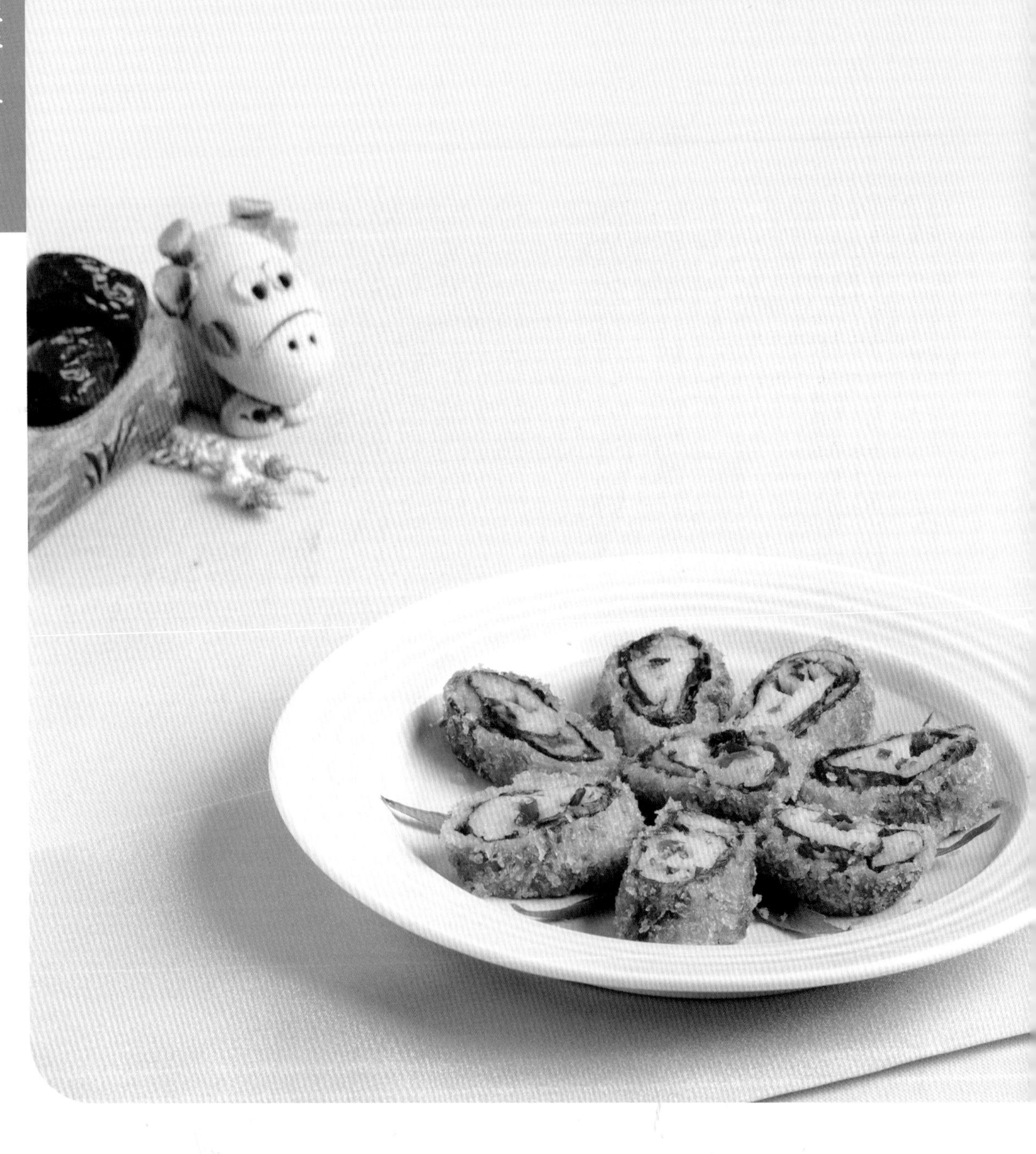

대추소스쇠고기튀김

재료 및 분량

- 쇠고기(안심) 300g
- 소금 $\frac{1}{8}$작은술
- 후춧가루 $\frac{1}{8}$작은술
- 감자 2개 · 파슬리 20g
- 청 · 홍고추 1개씩 · 깻잎 5장
- 밀가루 1큰술

튀김옷

- 밀가루 2큰술 · 달걀 1개
- 빵가루 $\frac{1}{2}$컵 · 식용유 3컵

대추소스

- 대추고 2큰술 · 식초 2큰술
- **배효소액 3큰술**
- 소금 $\frac{1}{8}$작은술

만드는 법

1. 쇠고기는 핏물을 빼고 소금과 후춧가루로 밑간을 한다.
2. 감자는 푹 삶아 뜨거울 때 체에 내리고, 파슬리는 굵게 다져서 감자와 같이 섞고 소금과 후춧가루로 간을 한다.
3. 청 · 홍고추는 0.3cm 폭 3cm 길이로 썬다. 쇠고기 안심에 깻잎을 밀가루에 묻혀 얹고 준비한 감자를 고루 펴서 놓고 청 · 홍고추를 넣어 말아서 밀가루와 계란, 빵가루를 입힌다. 분량의 대추소스를 만든다.
4. 튀김옷을 입힌 쇠고기를 170도의 기름에 넣고 튀긴 다음 어슷 썰어서 대추소스와 함께 낸다.

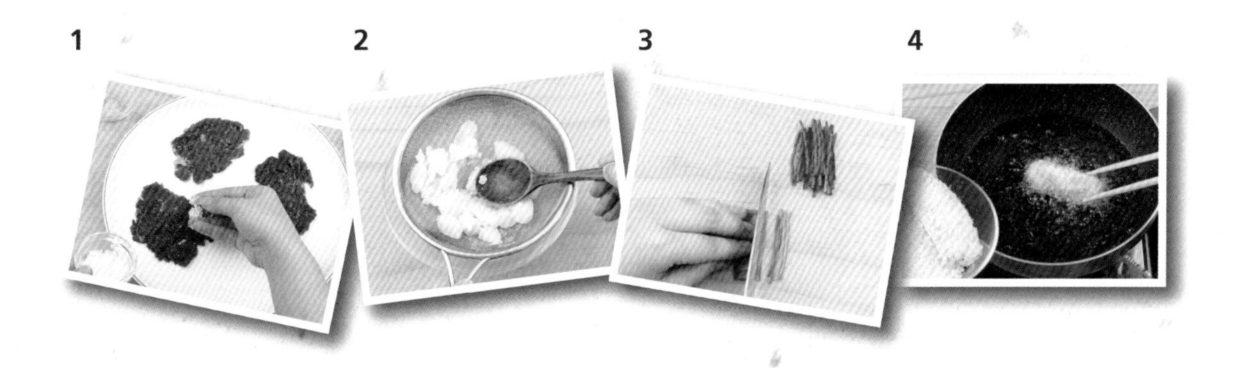

tip

- 감자는 삶아서 뜨거울 때 체에 놓고 눌러 내린다.
- 파슬리는 너무 곱지 않게 다진다.
- 깻잎에 밀가루를 묻혀야 소가 떨어지지 않고 잘 어우러진다.

녹차오리김치쌈

녹차오리김치쌈

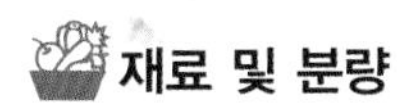

재료 및 분량

- 훈제오리 300g
  (녹차 1작은술, 물 3컵)
- 오이 $\frac{1}{2}$개 · **산야초 10g**

겨자소스
- 호두 10g · 양파 10g
- **양파효소액 4큰술**
- 레몬즙 3큰술 · 다진마늘 1큰술
- 겨자 1$\frac{1}{2}$큰술 · 들깨가루 1큰술
- 들기름 $\frac{1}{4}$작은술
- 소금 $\frac{1}{2}$작은술
- 포기김치 150g

만드는 법

1. 미지근한 물에 녹차를 우려 훈제오리를 30분정도 담가 기름기와 훈제향을 없앤 다음 가로 3cm, 세로 2cm, 두께 0.5cm정도로 썬다.
2. 오이는 길이로 2등분하여 어슷썰고 산야초는 깨끗이 씻는다.
3. 믹서에 겨자소스 재료를 넣고 곱게 갈아 소스를 만들어 차게 보관한다.
4. 김치는 둥글게 말아 2cm 길이로 썬다. 큰 접시에 준비한 김치와 오이, 산야초, 오리를 돌려 담고 소스와 함께 낸다.

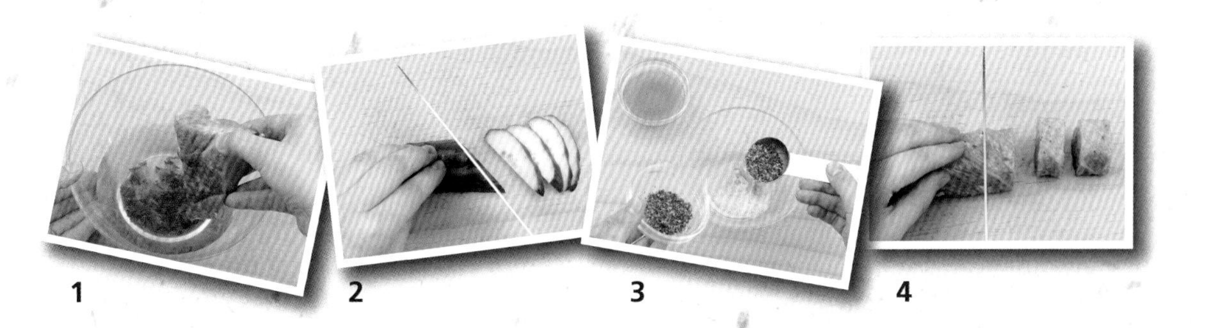

tip

- 오리고기는 다리살이 맛이있다.
- 사과효소를 사용할 수 있다.
- 제철 산야초를 이용하면 좋다.

우엉효소보쌈

우엉효소보쌈

재료 및 분량

- 돼지고기 600g

돼지고기 삶는 양념

- 된장 2큰술 • 대파뿌리 3개
- **양파효소건지 50g** • 생강 1쪽
- 녹차티백 1개
- 청주 1큰술 • 물 5컵 • 우엉 200g
- 식초물(물 2컵,식초 1큰술)

우엉양념

- 간장 2큰술 • 사과식초 1큰술
- **우엉효소액 2큰술** • 고춧가루 1큰술
- 마늘 ½큰술 • 다진파 1큰술
- 들깨가루 1큰술 • 들기름 1큰술
- 미나리 50g • 홍고추 ½개
- 당절임산마 150g

만드는 법

1. 쇠고기는 핏물을 닦는다. 냄비에 물을 붓고 센불에 올려 끓으면 쇠고기를 넣고 20분 정도 끓이다가 고기 삶는 재료를 넣고 40분 정도 더 삶아 편육을 만든다.
2. 당절임연근과 편육을 얇게 저며 놓는다.
3. 산야초잎은 깨끗이 씻어 건져 놓는다. 분량의 소스를 만든다.
4. 접시 가장자리에 편육과 당절임연근을 얇게 썰어 돌려 담고 가운데 산야초를 올려 준비한 소스와 함께 낸다.

1 2 3 4

tip

- 돼지고기는 삶을 때 녹차와 양파효소건지를 넣으면 더 부드럽고 감칠맛을 낸다.
- 우엉은 식초물에 데쳐야 떫은맛이 없어진다.
- 당절임 산마와 돼지고기를 함께 먹으면 질감과 소화에 도움이 된다.
- 산야초잎을 곁들여도 좋다.

양파효소열무김치

재료 및 분량

- 열무 1단(2kg)
- 굵은소금 100g · 밀가루 2큰술

양념

- 생감자 1개 · **양파효소액 1½컵**
- 양파 1개 · 마늘 10톨
- 생강 1톨 · 홍고추 5개
- 고춧가루 ½컵 · 액젓 ⅔컵
- 소금 1작은술

만드는 법

1. 열무는 손질하여 5㎝ 길이로 자르고 깨끗이 씻어 굵은소금을 골고루 뿌려 1시간 정도 절인다.
2. 절인 열무를 마지막에 밀가루 물에 헹군다.
3. 믹서에 생감자와 양파효소액, 양파, 마늘, 생강, 홍고추를 넣고 갈은 다음, 고춧가루와 액젓을 넣고 양념을 만든다.
4. 절인 열무에 양념을 넣고 풋내가 나지 않도록 살살 고루 버무려 항아리에 담아 숙성시킨다.

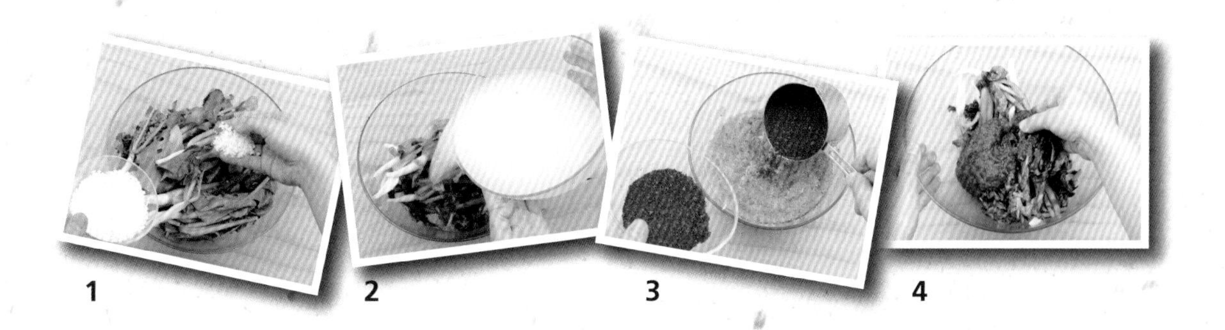

tip

- 열무는 마지막에 밀가루 물에 씻으면 풋내가 덜난다.
- 열무김치는 고춧가루를 많이 넣지 않아야 시원하다.
- 풀을 함께 써도 좋다.
- 감자를 넣으면 아래, 윗물이 분리되지 않는다.

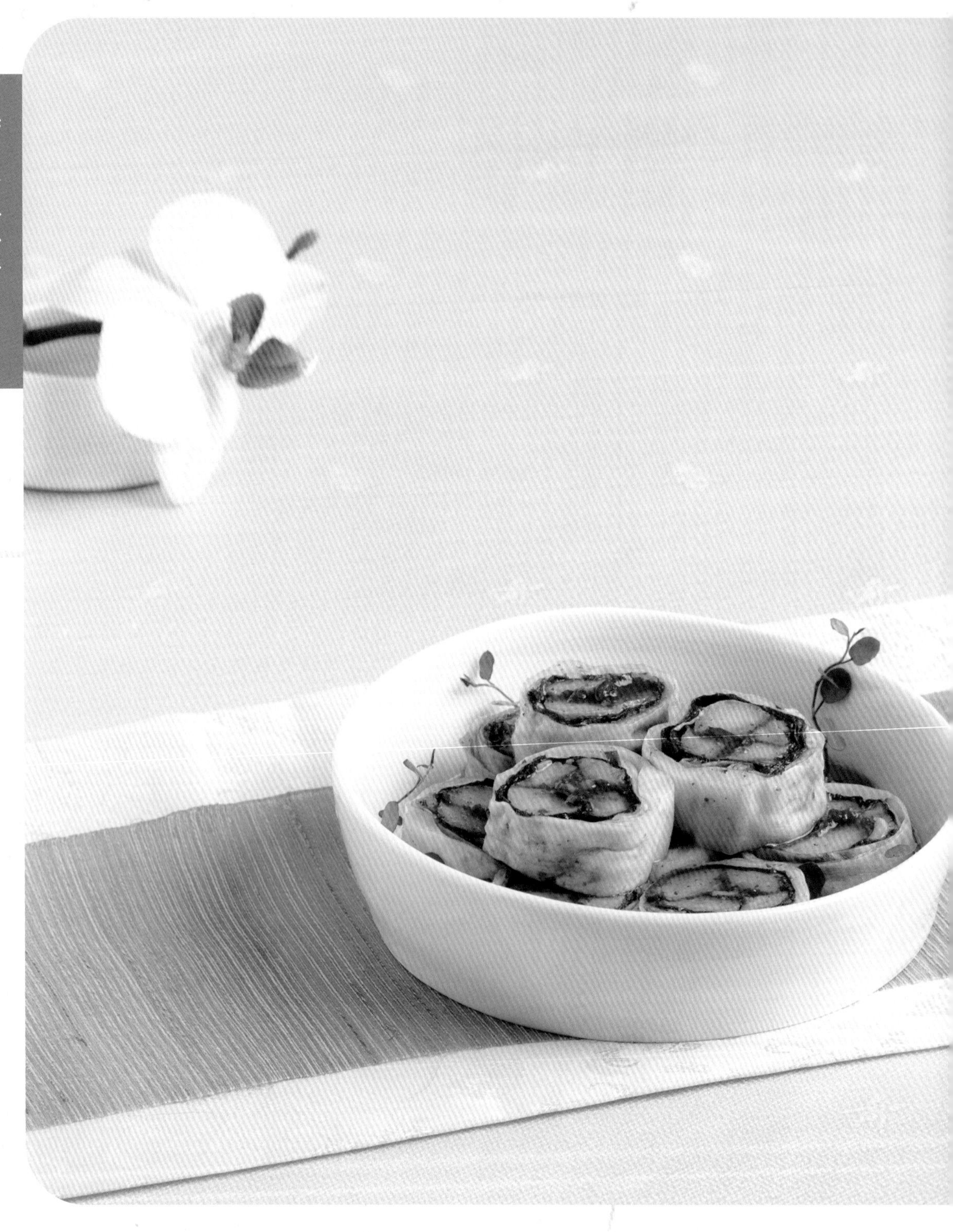

양배추효소오이김치

재료 및 분량

- 양배추잎 10장(양배추절임 소금물 : 물 10컵, 굵은소금 1컵)
- 오이 5개
- 깻잎 20장
  (오이절임소금물 : 물 5컵, 굵은 소금 $\frac{1}{2}$컵)
- 무 100g • 감자 $\frac{1}{2}$개(100g)
- 부추 100g • 양파 $\frac{1}{2}$개(100g)
- 홍고추 2개

양념

- 다진마늘 2큰술
- 다진생강 1작은술(10g
- 소금 $\frac{1}{4}$작은술 • 고춧가루 $\frac{1}{2}$컵
- 젓국 2큰술
- **양배추효소액 $\frac{1}{2}$컵**

만드는 법

1 양배추는 잎을 떼어내어 깨끗이 씻어 소금물에 절인다.

2 오이와 깻잎은 깨끗이 씻어 오이는 길이로 4군데에 길게 칼집을 넣고, 소금물을 부어 1시간 정도 절여 물기 뺀다.

3 무와 감자, 부추, 양파, 홍고추는 깨끗이 씻어 0.2cm로 채 썰고, 양념을 넣어 버무려 소를 만든 다음 오이 속에 넣는다.

4 양배추잎 위에 양념을 바르고 깻잎을 올린 다음 소 넣은 오이를 놓고 돌돌 말아 항아리에 차곡차곡 담고 숙성시킨다.

1 2 3 4

tip

- 양배추를 급히 절일 때에는 끓인 소금물을 식혀서 사용하기도 한다.
- 양배추 꼭지에 소금물을 부어 절이면 잎이 찢어지지 않게 떼어내기 좋다.
- 오이 대신 고추를 절여 소박이를 만들어 양배추 속에 넣어 주어도 좋다.

매실효소알타리동치미

매실효소알타리동치미

재료 및 분량

- 알타리 1단(1,500g) • 소금 $\frac{1}{2}$컵

양념재료

- 매실건지 200g • 마늘 6개
- 생강 1쪽 • 배 $\frac{1}{2}$개 • 양파 $\frac{1}{2}$개
- 고추씨 30g • 삭힌 고추 100g
- 청각 50g • 대파 2뿌리

동치미국물

- 생수 12컵 • 소금 3큰술
- **매실효소액 1컵**

만드는 법

1. 알타리는 껍질째 깨끗이 손질하여 씻은 후, 알타리무에만 굵은 소금을 뿌려 2시간 정도 절여 씻어 물기를 뺀다. 양념재료를 삼베주머니에 넣는다.
2. 항아리 밑에 양념주머니를 넣고 그 위에 삭힌 고추와 청각, 대파를 씻어 넣고 알타리 무를 가지런히 올린다.
3. 동치미 국물 재료를 섞어서 국물을 만든다.
4. 항아리에 동치미 국물을 붓고 떠오르지 않게 위를 눌러준다.

1 2 3 4

tip

- 절여서 1시간 후 아래 위를 뒤집어 주어야 골고루 절여진다.
- 동치미용 알타리 무는 껍질을 긁어내지 말고 잔뿌리만 떼어내고 닦아서 사용해야 국물이 맑고 무르지 않는다.
- 삭힌 고추 대신 청양고추를 사용할 수 있다.
- 마른 청각을 불려서 사용할 경우 더 적은 양을 사용하는 것이 좋다.

마늘효소고구마깍두기

마늘효소고구마깍두기

재료 및 분량

- 고구마 500g(4개 정도)
- 당근 150g($\frac{2}{3}$개 정도)
- 굵은소금 20g

깍두기양념

- 고춧가루 $\frac{1}{8}$컵 · 마늘 $\frac{1}{2}$큰술
- 생강 $\frac{1}{2}$작은술 · 새우젓 1큰술
- **마늘효소액 2큰술**
- 사과즙 1큰술 · 양파즙 1큰술
- 찹쌀풀 2큰술 · 쪽파 3뿌리

만드는 법

1. 고구마와 당근은 깨끗이 씻어 껍질을 벗겨 2㎝ 정도의 정방형으로 썰어 굵은소금을 뿌려 30분 정도 절인 다음 씻어 물기를 뺀다.
2. 마늘과 생강, 새우젓을 다지고 깍두기양념 재료를 넣고 고루 섞어 놓는다.
3. 쪽파는 깨끗이 씻어 2㎝ 길이로 썬다.
4. 고구마와 당근에 양념을 넣고 버무린 후 마지막에 쪽파를 넣어 함께 버무린다.

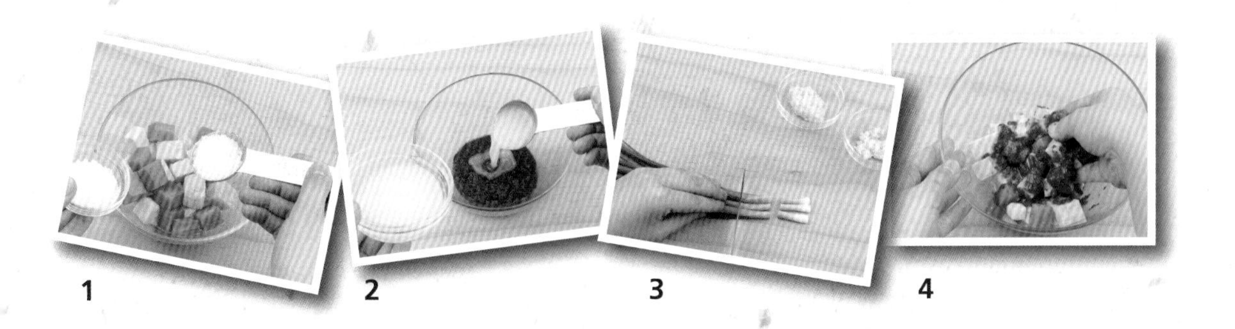

1 2 3 4

tip

- 깍두기용 고구마는 전분이 적은 물고구마나 호박고구마가 좋다.
- 찹쌀풀은 물 1컵에 찹쌀가루 2큰술을 넣고 끓인다.
- 고구마 깍두기는 오래 숙성되어도 무르지 않고 아삭거리는 질감이 좋다.

산야초모듬김치

재료 및 분량

- 산야초 300g(민들레, 취나물, 질경이, 방가지싹, 싱아, 제비꽃잎 등)
- 풋고추 5개 • 비트 30g
- 미나리 30g

김치양념

- 양파 1개 • 무 100g
- 마늘 2큰술
- 생강 1작은술
- **산야초효소액 4큰술**
- 소금 3큰술 • 현미찹쌀풀 $\frac{1}{2}$컵 (물 1컵, 현미찹쌀가루 2큰술)
- 멸치액젓 2큰술

만드는 법

1. 산야초는 손질해 깨끗이 씻은 후 먹기 좋게 썰어 절여 씻어 물기를 뺀다.
2. 풋고추는 어슷 썰고, 비트는 껍질을 벗겨 채 썰고, 미나리줄기도 4~5cm 길이로 썬다.
3. 믹서기에 김치 양념재료를 넣고 간다.
4. 산야초, 비트, 풋고추, 미나리에 김치양념을 넣고 살살 버무린 다음 항아리에 눌러 담는다.

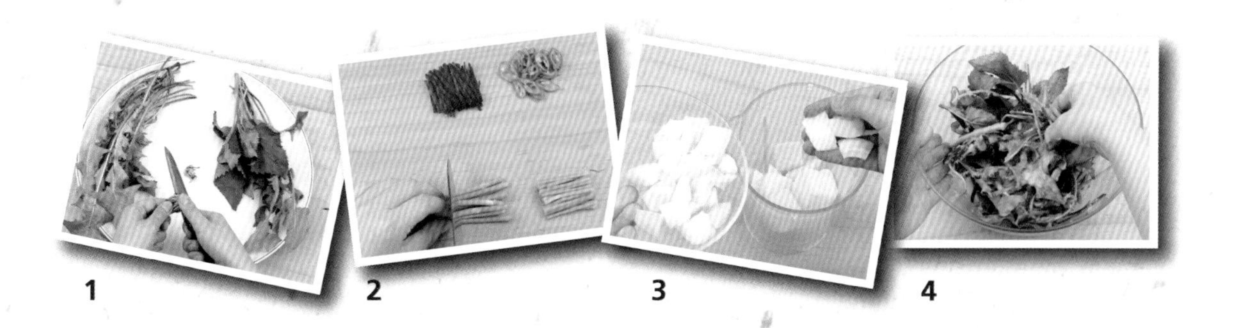

tip

- 현미 찹쌀풀은 물 1컵에 현미찹쌀가루 2큰술을 넣고 끓인다.
- 산야초는 부드럽고 향이 강하지 않은 제철 것으로 준비한다.
- 고춧가루를 넣지 않아야 산야초의 향을 즐기며 시원하고 개운함을 더 느낄 수 있다.

효소배추겉절이

재료 및 분량

- 배추 1포기
  (배추절임 : 호렴 1컵, 물 1ℓ)
- 실파 70g • 청고추 ½개
- 홍고추 ½개 • 밤 3개

김치양념

- 고춧가루 100g • **무효소액 2큰술**
- **생강효소액 2큰술** • 소금 1큰술
- 마늘 1큰술 • 통깨 1큰술
- 현미찹쌀풀 ½컵(물 ½컵, 현미찹쌀가루 1큰술) • 액젓 2큰술
- 생강즙 2큰술 • 멸치가루 1큰술
- 표고가루 1큰술 • 배 ¼개
- 양파 ¼개 • 홍시 2개

만드는 법

1. 배추를 소금물에 2~3시간 절여서 깨끗이 씻어 채반에 건져 물기를 뺀 다음 먹기 좋게 찢는다.
2. 실파와 청 · 홍고추는 깨끗이 씻어 실파는 3cm, 청·홍고추는 2cm 정도의 길이로 채 썰고 밤은 0.5cm 두께의 편으로 썬다.
3. 분량의 재료를 혼합하여 김치양념을 만들어 놓는다.
4. 홍시는 거름망에 걸러 준비한 배추와 실파, 청홍고추, 밤과 함께 넣고 김치양념을 넣어 버무린다.

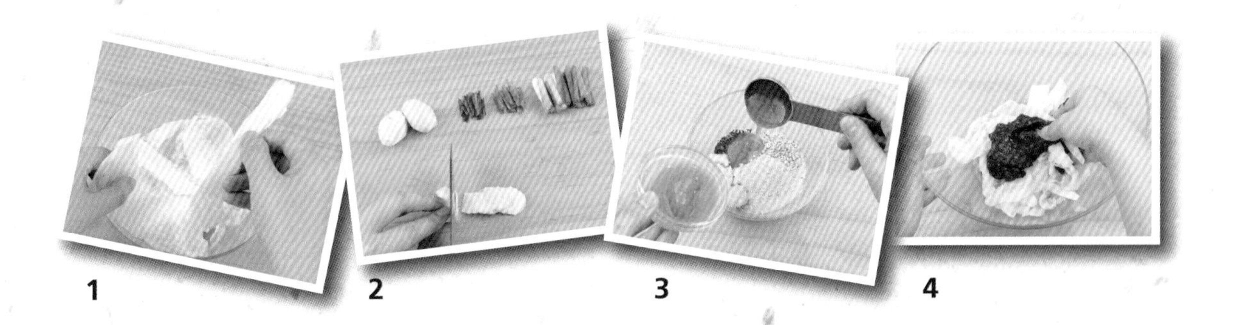

1 2 3 4

tip

- 겉절이는 배추를 살짝 절여야 싱싱하다.
- 여름 배추는 수분이 많아 오래 두고 먹으면 무른다.
- 기호에 따라 참기름을 넣을 수도 있다.

무효소백김치

무효소백김치

재료 및 분량

- 배추 1포기(소금 1컵, 물 5컵)

백김치소

- 무 330g($\frac{1}{4}$)개 · 갓 30g
- 미나리 50g · 쪽파 30g · 배 $\frac{1}{2}$개
- 밤 5개 · 섞이버섯 10g
- 마늘 3~4톨 · 생강 1톨 · 대추 5개
- 잣 1큰술 · 실고추 10g

양념

- 멸치액젓 $\frac{1}{2}$컵 · 소금 1큰술
- 찹쌀풀 4큰술 · **무효소액 3큰술**

김치국물

- 소금 $\frac{1}{2}$컵 · **무효소액 5큰술**
- 육수 5컵(물 7컵, 다시마 1조각, 고추씨 3큰술)

만드는 법

1 배추는 밑둥을 자르고 배추잎을 뜯어 15% 정도의 굵은 소금물에 2시간 절인 다음 씻어 채반에 건져 물기를 뺀다.

2 무, 갓, 미나리, 쪽파, 배 ,밤, 대추, 잣, 섞이버섯을 손질한 다음 깨끗이 씻어 채 썰고, 마늘, 생강, 대추는 곱게 채 썬다.

3 준비한 재료를 그릇에 담고 액젓과 소금, 찹쌀풀, 무효소발효액으로 양념하여 백김치소를 만든다.

4 배추잎을 펴서 김치소를 놓고 돌돌 말아 항아리에 담는다. 김치국물을 만들어 붓고 김치 위를 우거지로 눌러 덮어 숙성시킨다.

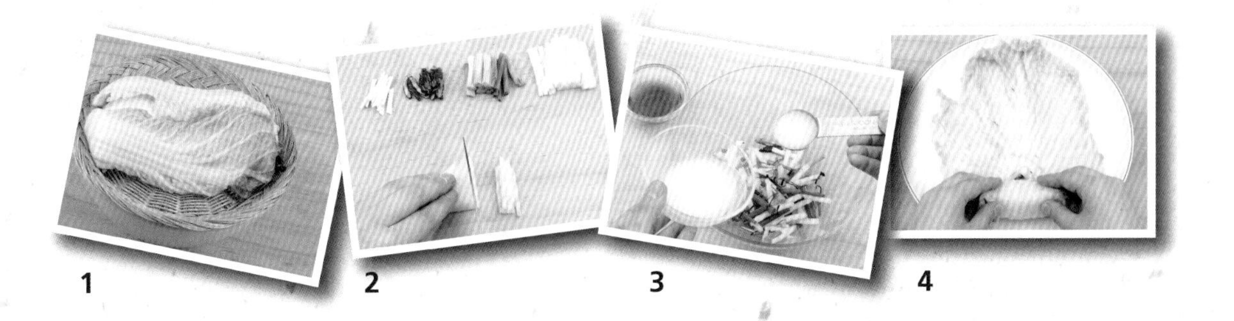

1 2 3 4

tip

- 배추잎은 줄기가 구부러질 정도로 절인다.
- 먹을 때는 말아 놓은 김치를 2cm 폭으로 썰어 국물을 자작하게 낸다.
- 양념이 빠지지 않도록 배추잎을 잘 싸준다.

무효소초김치

무효소초김치

재료 및 분량

- 무 1개(350g)
- 청 · 홍고추 각 2개
- 레몬 1개 · 생강 1쪽
- 마늘 1통

절임양념

- 소금 $\frac{1}{2}$컵 · 식초 1컵
- **무효소액 $1\frac{1}{2}$컵**

만드는 법

1 무는 무의 길이 대로 0.3cm 두께 정도로 채 썬다.

2 청 · 홍고추를 길이로 2등분하여 씨를 떼어내고 0.2cm 두께로 채 썰고, 레몬은 길이로 2등분하여 0.1cm 두께의 반달모양으로 썬다. 마늘, 생강은 다진다.

3 무채에 소금, 식초, 무효소액을 넣고 절인다.

4 무채가 절여지면 마늘, 생강, 고추를 넣고 타래를 만들고 사이사이에 레몬조각을 넣어 숙성시킨다.

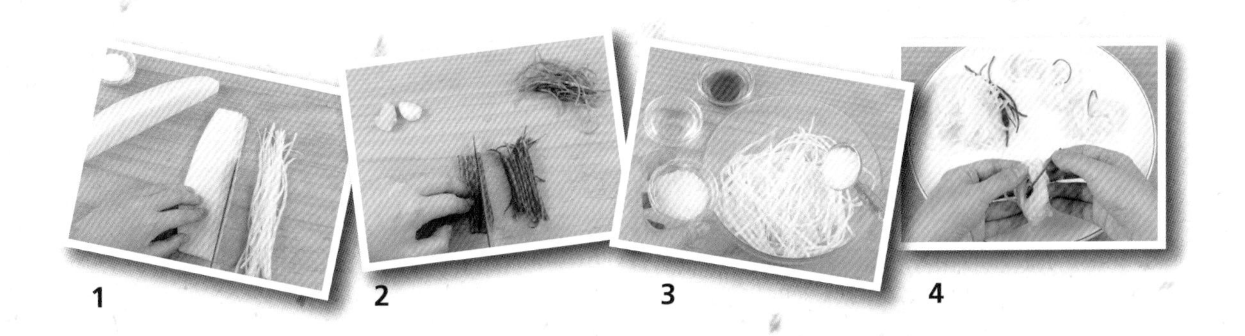

1 2 3 4

tip

- 국물을 붉게 할 때는 고춧가루를 면주머니에 넣어 주물러 고춧물을 만들어 쓴다.
- 충분히 숙성되면 국물을 자작하게 담아서 상큼하게 먹는다.
- 먹을 때 오이채를 소금에 절여 함께 내도 좋다.

효소곤약소박이

재료 및 분량

- 곤약 $\frac{1}{2}$모(230g)

곤약 조림장
- 간장 3큰술 • 물 2큰술 • **양파효소액 2큰술**
- 마늘 1작은술 • 청주 1큰술
- 불린녹차잎 20g(소금 $\frac{1}{8}$작은술 참기름 $\frac{1}{4}$작은술)
- 쇠고기 50g • 불린표고버섯 1개
- 달걀지단 1개 • 식용유 1큰술

쇠고기, 표고양념장
- 간장 1작은술 • **표고효소액 $\frac{1}{2}$작은술**
- 마늘 1톨 • 참기름 • 후춧가루 $\frac{1}{8}$작은술
- 청주 $\frac{1}{4}$작은술

만드는 법

1. 곤약은 가로 2.5cm, 세로 4cm, 두께 1cm로 썰고 0.5cm 간격, 2cm 정도의 길이로 칼집을 넣어 끓는 물에 데쳐 찬물에 헹군다
2. 냄비에 곤약 조림장 재료를 넣고 센불에 올려 끓으면 곤약을 넣고 약불로 줄여 10분 정도 간이 배이도록 윤기 나게 졸인다.
3. 불린 녹차잎은 물기를 짜서 소금과 참기름으로 밑간을 하고, 쇠고기와 표고버섯은 양념장을 넣어 볶는다. 달걀지단은 1cm길이로 곱게 채 썬다.
4. 졸여 놓은 곤약 칼집 사이사이에 각각의 고명을 넣는다.

1 2 3 4

tip

- 녹차잎 대신 파슬리를 다지거나 오이를 곱게 채 썰어 소금에 절여 사용해도 좋다.
- 곤약에 칼집을 일정하게 넣어야 고명을 올리면 깨끗하고 정갈하다.
- 쇠고기는 핏물이 없어질 정도로 살짝 볶아야 부드럽다.

장아찌

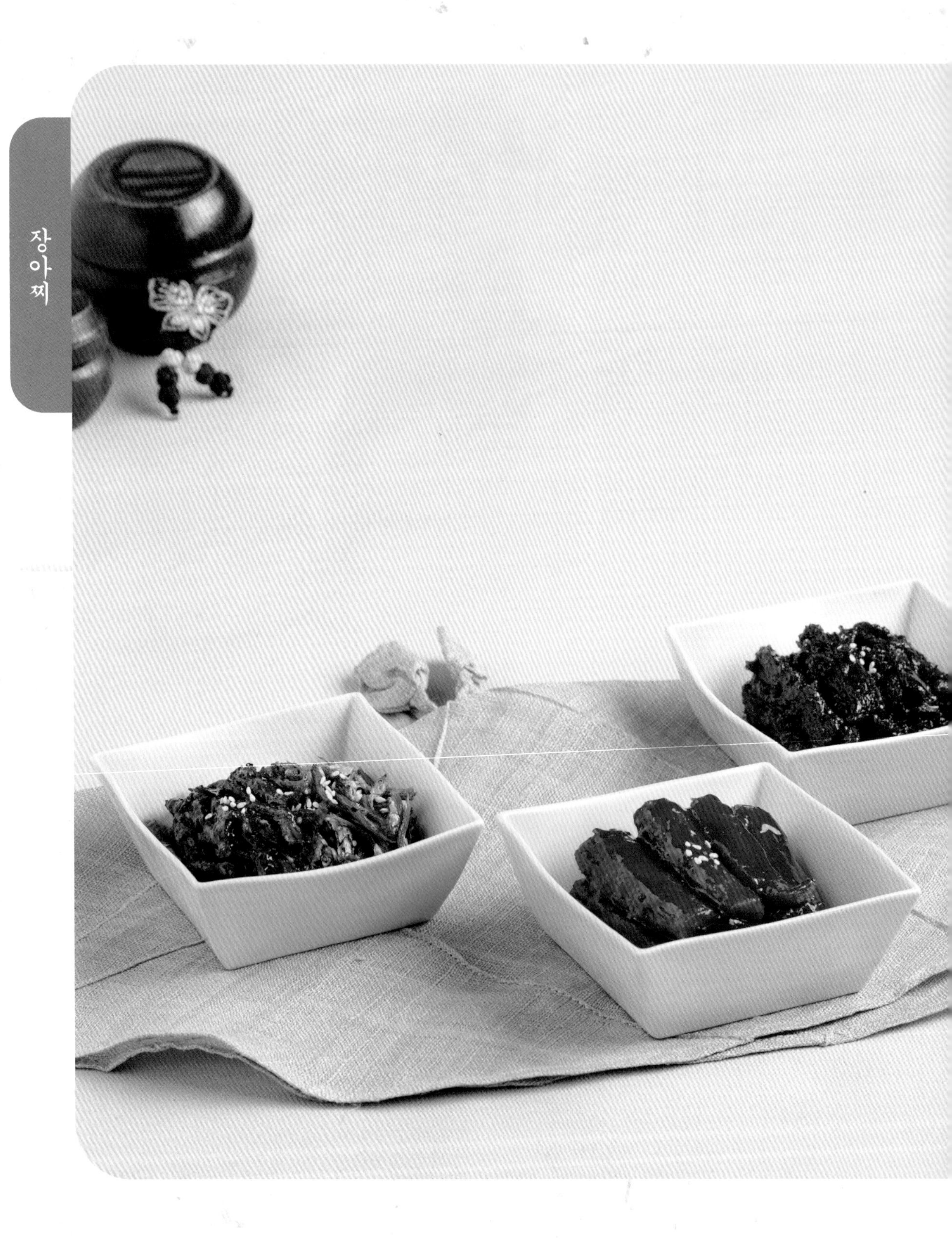

양파효소멸치고추장장아찌

재료 및 분량

• 멸치(중멸치) 400g

양념장 • 양파고추장 3컵 • 간장 ½컵 • 청주 ½컵 • 식초 ½컵 • **양파효소액 5컵** • 표고가루 2큰술

만드는 법

1 멸치는 체에 걸러 부스러기를 걸러내고 팬에 살짝 볶아서 비린내를 없앤다.
2 고추장과 간장, 청주, 식초, 양파 효소발효액, 표고가루를 혼합하여 걸쭉하게 양념장을 만든다.
3 양념장의 2/3를 멸치에 넣고 골고루 간이 배이도록 잘 버무린 다음 용기에 담는다.
4 나머지 양념장을 위에 올려 덮어주고 1달 정도 숙성시킨다.

도라지효소장아찌

재료 및 분량

• 도라지 1kg (물5컵, 소금1컵) • 마늘 ½컵, 생강 1큰술

양념장 • 마늘고추장 2컵 • **도라지효소액 3컵** • 고춧가루 1컵 • 멸치가루 1큰술 • 표고가루 2큰술 • 황태가루 1큰술 고추씨가루 3큰술 • 식초 3큰술

만드는 법

1 도라지는 껍질을 벗겨 깨끗이 씻어 길이로 2등분하여 채반에 널어 하루 정도 꾸덕하게 말린다.
2 마늘은 편으로 썰고 생강은 다진다.
3 분량의 양념재료를 고루 섞어 양념장을 만든다.
4 도라지에 양념장의 ⅔를 넣고 간이 골고루 배이도록 잘 버무린 다음 용기에 담고 나머지 양념장으로 올려 2개월 정도 숙성시킨다.

양파효소황태장아찌

재료 및 분량

• 황태 5마리(황태채 250g)

육수 • 황태 2마리 부산물(황태머리, 꼬리, 껍질, 뼈) • 고추씨 ½컵 • 통후추 1작은술 • 마늘 1통 • 파 2뿌리 • 양파 1개 • 생강 1톨 • 표고 3장 • 물 6컵 • 양파효소건지 1/2컵

양념장 • 육수 3컵 • **양파효소액 1컵** • 국간장 1큰술 • 진간장 2큰술 • 고추장 2컵 • 고춧가루 1컵 • 청주 ½컵 • 표고가루 2큰술 • 황태가루 2큰술

만드는 법

1 황태는 물에 불려 잘 두들겨 뼈와 살, 껍질을 분리하고 먹기 좋게 손질한다.
2 냄비에 육수재료를 넣고 1시간 정도 푹 끓여 육수 3컵을 만들어 식힌다.
3 육수에 간장과 고추장, 고춧가루, 양파효소액, 황태가루, 표고가루를 넣고 양념장을 만든다.
4 넓은 그릇에 양념장과 황태를 넣어 간이 고루 배이도록 잘 섞은 다음 용기에 담고 한 달 정도 숙성시킨다.

양파효소엄나무순장아찌

재료 및 분량

• 엄나무순 1kg • 소금 $\frac{1}{2}$컵 • 물 3컵
양념장 • 양파고추장 3컵 • **양파효소액 3컵** • 고춧가루 $\frac{1}{2}$컵 • 간장 2큰술 • 황태가루 2큰술 • 고추씨가루 2큰술 • 표고버섯가루 2큰술

만드는 법

1 어리고 연한 엄나무새순을 준비하여 깨끗이 씻은 후 소금물에 2~3시간 절인다.
2 엄나무 순을 소금물에서 건져 채반에 넓게 펴 널어 바람을 쐬며 2~3시간 물기를 말린다.
3 양념장을 만들어 엄나무순에 ⅔ 분량의 양념장을 넣고 간이 배이도록 잘 버무려서 용기에 담은 후 나머지 양념장으로 위를 덮어 20일 정도 냉장 숙성시킨다.

돌미나리효소참가죽나물장아찌

재료 및 분량

• 참가죽나물 1kg. 소금 $\frac{1}{2}$컵
양념장 • 연근고추장 2$\frac{1}{2}$컵 • **돌미나리효소액 2$\frac{1}{2}$컵** • 고운고춧가루 1컵 • 마늘 3큰술 • 생강 1큰술 • 표고가루 2큰술 • 연근가루 2큰술 • 소금 3큰술 • 간장 $\frac{1}{2}$컵

만드는 법

1 참가죽을 잘 다듬어서 깨끗이 씻어 소금에 2~3시간 절인 후 건져서 채반에 넓게 펴서 1~2시간 바람을 쐬며 물기를 말린다.
2 마늘과 생강은 껍질을 벗기고 깨끗이 씻어 다져서 양념장을 만든다.
3 참가죽나물에 2/3 분량의 양념장을 넣고 간이 잘 배이도록 버무려서 용기에 눌러 담고 나머지 양념장으로 위를 덮고 20일 정도 숙성시킨다.

산야초효소오가피순장아찌

재료 및 분량

• 오가피 순 1kg
양념장 • 소주 3컵 • 녹차간장 3컵 • 식초 1$\frac{1}{2}$컵 • **산야초효소액 3컵** • 마늘 1통 • 청양고추 5개 • 레몬 1/2개

만드는 법

1 오가피 순은 깨끗이 씻어서 물기를 제거한 다음 용기에 가지런히 담는다.
2 마늘은 반으로 자르고 레몬은 반달 모양으로 썰고, 청양고추는 3등분 하고 양념장을 만든다.
3 용기에 오가피 순을 담고 양념장을 부어 재료가 떠오르지 않게 눌러 담고 20일 정도 숙성시킨다.

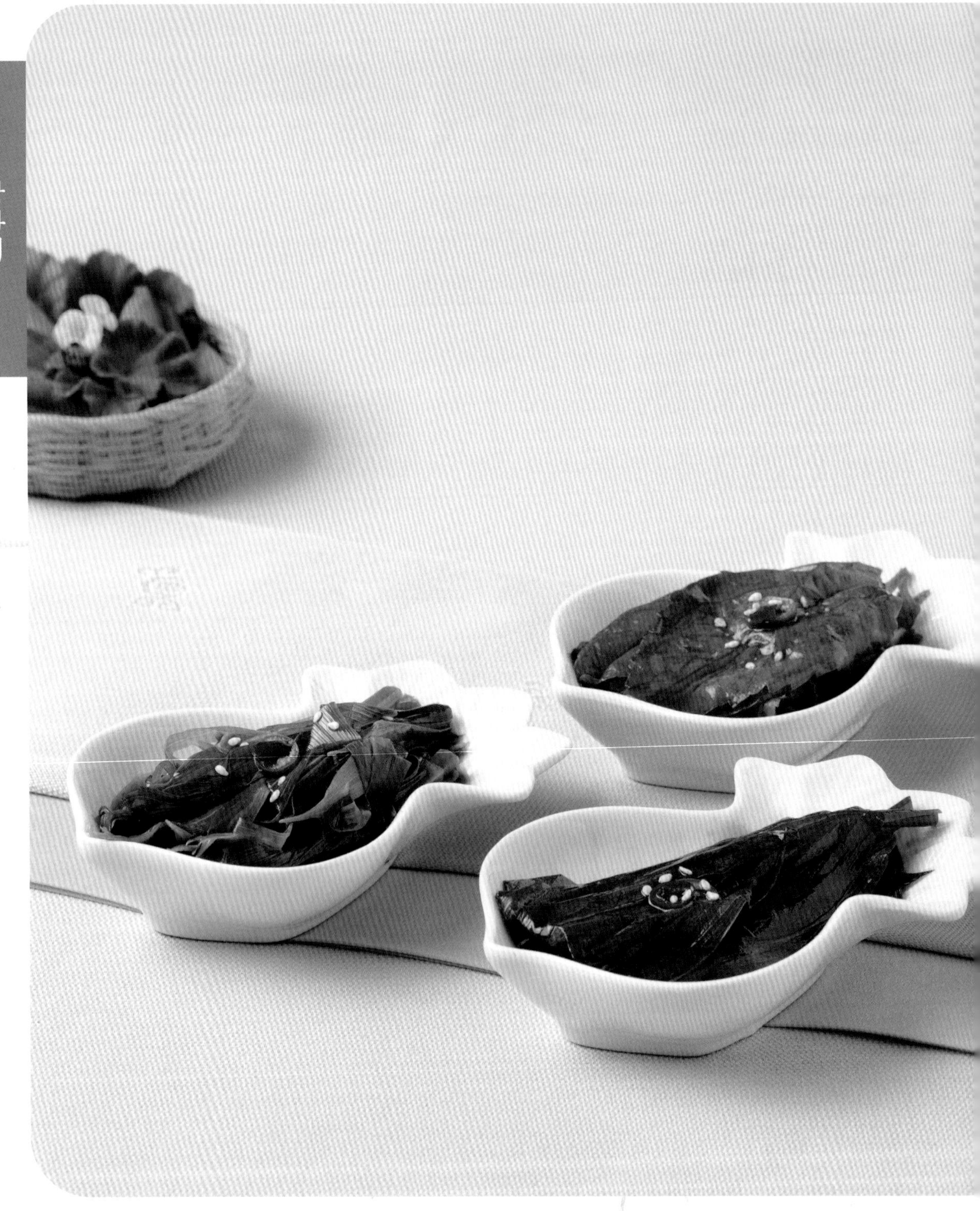

산야초효소뽕잎장아찌

재료 및 분량

• 뽕잎순 1kg
양념장 • 녹차간장 3컵 • 식초 1컵 • **산야초효소액 2컵** • 소주 3컵

만드는 법

1 뽕잎순은 어린잎으로 준비하여 깨끗이 씻어서 물기를 거둔 다음 뽕잎순을 용기에 담는다.
2 간장, 식초, 산야초효소발효액, 소주를 잘 혼합하여 양념장을 만든다.
3 뽕잎순에 양념장을 부어 용기에 담고 재료가 떠오르지 않게 눌러 1개월 간 숙성시킨다.

사과효소명이장아찌

재료 및 분량

• 명이나물 1kg
양념장 • 물 6컵 • 녹차간장 4컵 • 양파 1개 • 사과 1개 • 마른표고버섯 5장 • 북어머리 2개 • 다시마 2장 • 대파 2대 • 마늘 1통 • 마른고추 3개 • **사과효소액 4컵** • 식초 2컵

만드는 법

1 명이나물을 깨끗이 손질하여 씻어서 물기를 뺀 다음 용기에 가지런히 담는다.
2 양파, 사과는 껍질째 씻어서 잘게 썰고, 다시마는 직경 7cm로 잘라 마른 행주로 깨끗이 닦고 대파는 뿌리까지 깨끗이 씻어 4cm 길이로 썰고, 마늘은 겉껍질을 벗기고 속 껍질째 잘게 썬다. 마른고추도 젖은 행주로 깨끗이 닦아 3등분으로 자르고, 표고버섯은 마른채로 먼지를 닦는다.
3 효소액과 식초, 다시마를 제외한 재료를 모두 넣고 끓으면 중불로 낮추어 20~30분 끓이다가 다시마를 넣고 5분 정도 두었다가 체에 거르고, 한 김 나가면 식초와 사과액을 넣고 식혀서 명이나물 위에 부어주고 국물에 잠기도록 눌러 20일 정도 숙성시킨다.

효소둥굴레순장아찌

재료 및 분량

• 둥굴레순 1kg
양념장 • 간장 3컵 • 소주 3컵 • 식초 1½컵 • **둥굴레효소액 2컵**

만드는 법

1 둥굴레 순을 손질한 후 깨끗이 씻어서 채반에 놓고 물기를 뺀 다음 용기에 가지런히 담는다.
2 간장, 소주, 식초, 효소액을 혼합하여 양념장을 만든다.
3 둥굴레순 위에 양념장을 부어 재료가 잠기도록 눌러 놓는다. 냉장고에 넣어 20일 정도 숙성시킨다.

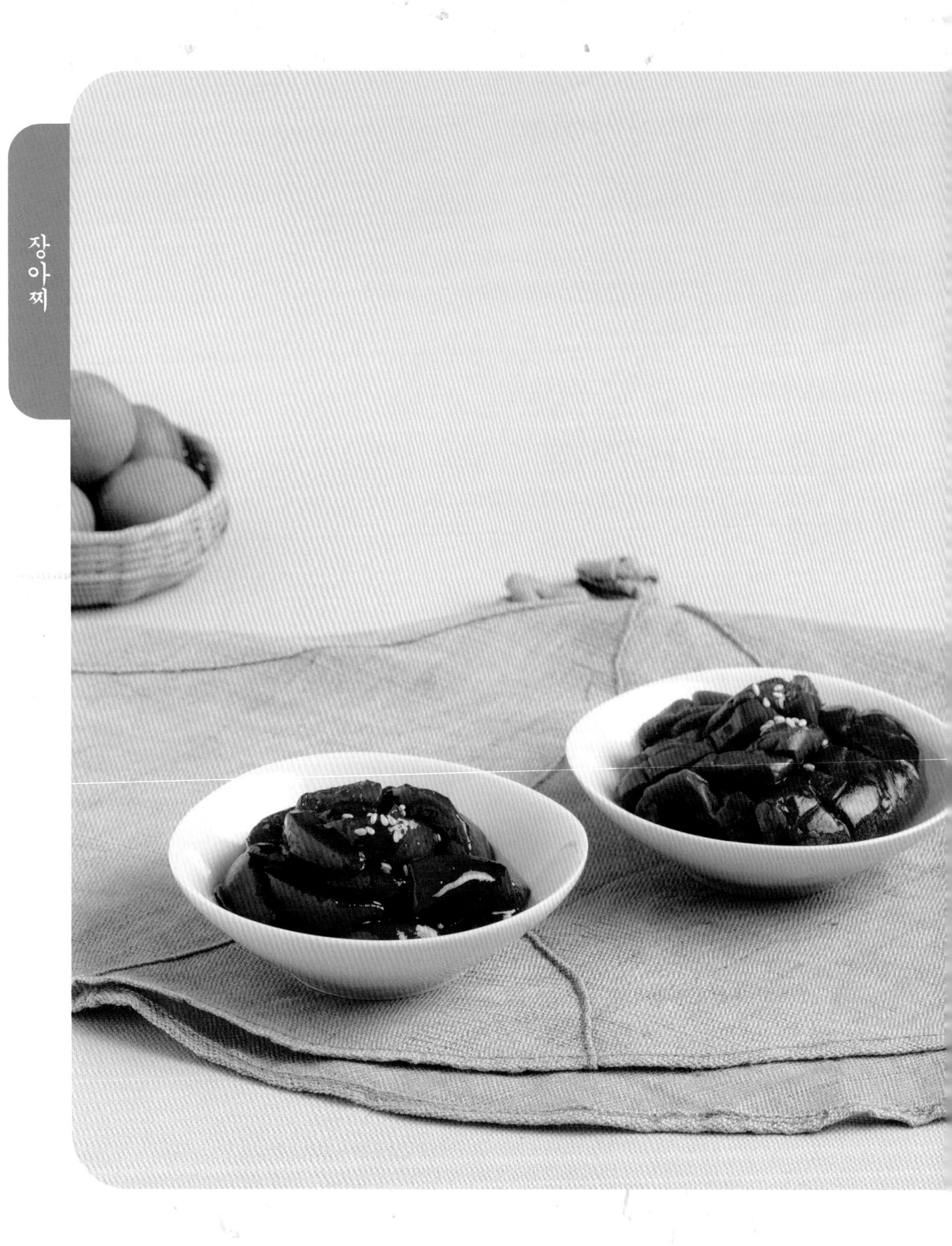

장아찌

효소매실장아찌

재료 및 분량

• 청매실 1kg(매실살 750g) • 굵은소금 3큰술 • 설탕 700g
무침양념장 • 고추장 3큰술 • 마늘 3쪽 • 통깨 1작은술 • **매실효소액 1큰술**

만드는 법

1 청매실은 깨끗이 씻어 꼭지를 떼어내고 소쿠리에 건져 물기를 닦는다.
2 매실을 4~5조각을 내서 씨를 빼고 과육에 굵은소금을 넣고 2일 정도 절인 다음 소쿠리에 건져 소금물을 뺀다.
3 매실에 소금물이 빠지면 설탕 600g을 넣고 버무려 용기에 담고 나머지 설탕으로 위를 덮는다.
4 일주일 정도 지나 설탕이 녹으면 자작할 정도로 시럽을 남기고 나머지는 따라낸다.
먹을 때 꺼내어 고추장과 마늘, 통깨, 효소액을 넣어 무쳐 낸다.

tip

• 무르지 않은 단단한 청매실을 준비한다.
• 매실 살이 부서지지 않게 씨를 잘 발라낸다.
• 소금에 절이고 설탕에 절이면 질기지 않고 더 아삭 거린다.
• 고추장에 미리 양념하거나 먹을 때 무쳐도 좋다.

양파효소참외장아찌

재료 및 분량

• 참외 5개 • 소금물 5컵 (소금 1/2컵, 물 5컵)
양념장 • 간장 2컵 • 물 4컵 • **양파효소액 2컵** • 표고버섯 5장 • 청주 3큰술 • 고추씨 3큰술 • 양파 1/2개 • 다시마 2장 • 대파 2뿌리

만드는 법

1 참외는 길이로 2등분하여 씨를 긁어낸 다음 소금물에 2~3일 절인다.
2 참외를 채반에 널어 꾸덕꾸덕하게 말린다.
3 냄비에 분량의 양념장을 넣고 중불에 30~40분 끓여 걸러서 식힌다.
4 용기에 참외를 담고 양념장을 부어 뜨지 않게 눌러 주고 3~4일 정도 지나면 양념장을 따라내어 다시 한번 끓여 식혀서 붓고 한 달 정도 숙성시킨 후 먹는다.

tip

• 참외를 소금물에 충분히 절이면 장아찌가 아삭하다.
• 오래 두고 먹으려면 양념장을 3회 이상 끓여서 식힌 후 붓는다.
• 먹을 때 기호에 따라 고추장이나 고춧가루를 넣어 무쳐도 좋다.

양파효소곶감장아찌

재료 및 분량

• 곶감 10개
양념장 • 고추장 2컵 • 고춧가루 $\frac{1}{2}$컵 • **양파효소액 2컵** • 액젓 $\frac{1}{2}$컵

만드는 법

1 곶감을 준비해 꾸덕하게 말린다.
2 잘 말려진 곶감을 마른행주로 깨끗이 닦는다.
3 고추장과 고춧가루, 효소액, 액젓을 고루 섞어 양념장을 만든다.
4 손질한 곶감을 양념장에 버무려 용기에 담고 10일 정도 냉장 숙성시킨다.

tip

• 곶감을 꾸덕하게 잘 말려야 꼬들꼬들 하게 먹기 좋다.
• 조금씩 자주 만들어 먹는 것이 좋다.
• 기호에 따라 액젓을 가감한다.

사과효소대추장아찌

재료 및 분량

• 대추 500g
양념 • 고추장 1컵 • **사과효소액 1컵** • 청주 3큰술 • 고운고춧가루 3큰술 • 액젓 $\frac{1}{2}$컵

만드는 법

1 대추는 크고 통통한 것으로 준비한다.
2 대추는 젖은 행주로 깨끗이 닦는다.
3 고추장과 고춧가루, 액젓, 효소액을 고루 섞어 양념장을 만든다.
4 대추에 양념장을 넣고 고루 섞어 용기에 담아 1~2주 정도 숙성시킨다.

tip

• 빨리 먹을 경우 씨를 돌려 깎아 돌돌 말아서 담기도 한다.
• 오래 보관하려면 대추를 조금더 말려서 담는다.
• 2주 후가 맛이 있으므로 너무 많은 양을 담가 오래두고 먹지 않는다.

무효소모듬피클

무효소모듬피클

재료 및 분량

양념장

- 식초 $1\frac{1}{2}$컵 • **무효소액 1컵**
- 물 4컵 • 소금 2큰술
- 청양고추 2개 • 생강 2쪽
- 마늘 6개 • 월계수잎 3장
- 통후추 1큰술 • 무 200g
- 오이 250g • 당근 150g
- 비트 30g
- 연근 200g(식초물 : 물 2컵, 식초 $\frac{1}{2}$작은술)
- 브로콜리 150g
- 꽈리고추 20g

만드는 법

1. 식초와 무효소액을 제외한 나머지 양념장을 섞어 20분 정도 끓인다.
2. 양념장을 식힌 후 식초와 무효소액을 섞는다.
3. 무와 오이, 당근, 비트를 깨끗이 씻어서 손질해 길이 5cm, 두께 1cm 정도로 썰고, 연근은 껍질을 벗긴 다음 0.3cm 두께로 썰어 끓는 물에 데친다. 브로콜리는 먹기 좋은 크기로 썰고, 꽈리고추는 깨끗이 씻어 꼬지로 구멍을 낸다.
4. 단지에 준비한 재료를 담고 양념장을 부어 2주 정도 숙성시킨다.

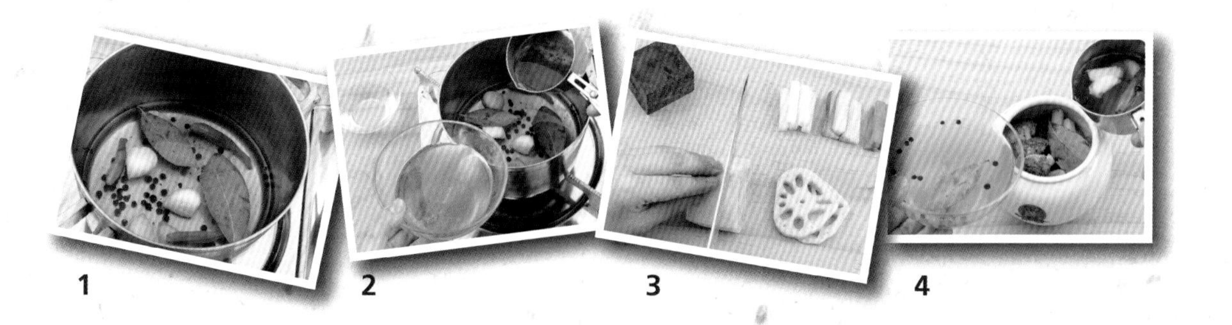

1 2 3 4

tip

- 연근 손질 시 물에 식초를 한 방울 떨어뜨려 담가두면 갈변을 방지할 수 있다.
- 양념장을 붓고 재료가 뜨지 않도록 무거운 것으로 눌러준다.
- 기호에 맞추어 신맛과 단맛을 조절한다. 감칠맛을 위해서는 레몬을 몇 조각 넣으면 좋다.

효소호박편

재료 및 분량

- 멥쌀가루 400g 소금 ½큰술
- **호박효소액 5큰술**
- 당귀가루 8g
- 단호박찐 것 200g
- 녹두고물 2컵
- 단호박채 100g
- 완두배기 1컵

만드는 법

1. 멥쌀을 깨끗이 씻어 8시간 정도 불린 후 소쿠리에 건져 물기를 빼고 가루로 빻은 다음 소금, 효소액, 당귀가루, 단 호박 찐 것을 넣고 고루 비벼 체에 2번 정도 내린다.
2. 녹두는 8시간 정도 불려 제물에 비벼 껍질을 벗겨 깨끗이 씻어 물기를 뺀 다음 김 오른 찜기에서 40분 정도 찐 다음 한 김 나가면 소금을 넣고 찧어 체에 내린다.
3. 단호박은 채 썰고 완두배기도 준비한다.
4. 준비된 재료는 녹두고물, 쌀가루, 단 호박 채, 완두백이, 단호박채, 쌀가루, 거피고물 순으로 대나무찜기에 안친 후 김이 오른 찜기에 넣고 김이 나면 25분 정도 찐다.

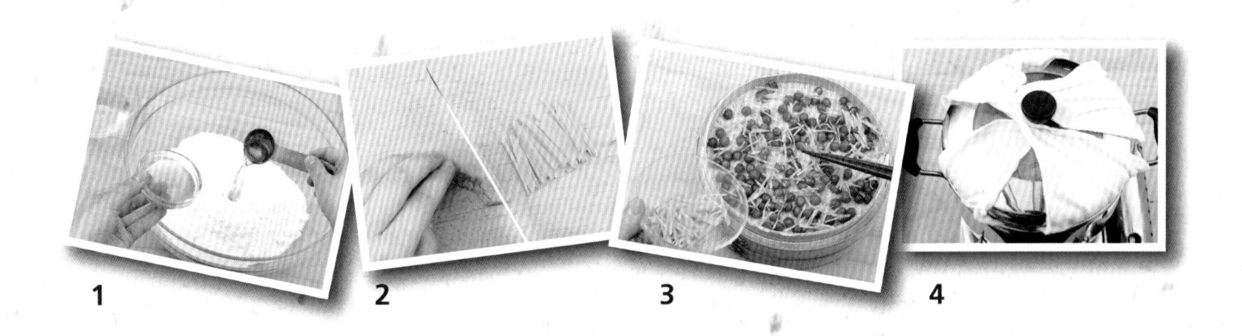
1 2 3 4

tip

- 단호박은 8등분하여 찜솥에 15분 정도 찐다.
- 수분조절은 단호박의 수분양에 따라 가감할 수 있다.
- 녹두껍질은 제물에서 여러번 헹구어 거피해야 잘 벗겨진다.

효소마설기

재료 및 분량

- 멥쌀가루 400g
- 소금 1작은술 · 마가루 2큰술
- 마즙 2큰술 · **마 효소액 5큰술**
- 소주 1큰술

마조림 양념

- 마 잘게 다진 것 $\frac{2}{3}$컵
- 물 1큰술 · 마효소액 2큰술
- 소금 $\frac{1}{6}$작은술

고 명

- 귤정과 $\frac{1}{2}$개 · 밤 4개

만드는 법

1 쌀은 깨끗이 씻어 8시간 정도 물에 불려 소쿠리에 건져 물기를 뺀 후 가루로 빻아 소금과 마가루, 마즙, 마효소발효액, 소주를 넣고 고루 비벼 체에 내린 다음 쌀가루 1컵은 남겨 놓는다.

2 냄비에 마 썰은 것과 물, 마 효소, 소금을 넣고 투명해질 때까지 졸인다.

3 귤정과와 밤은 곱게 채 썬다.

4 쌀가루에 졸인 마를 넣고 섞는다. 나무찜기에 밑을 깔고 쌀가루를 고루 펴서 넣고 위에 남겨놓은 쌀가루를 편편하게 펴 놓은 다음 귤정과와 밤채를 얹는다. 대나무 찜기에 물이 끓으면 나무 시루를 얹고 김이 나면 20분 정도 찐다.

1 2 3 4

tip

- 시루 밑에 설탕을 조금 뿌리면 떡이 면보에서 잘 떨어진다.
- 시루의 가장자리부터 쌀가루를 채워야 쪄진 떡이 보기 좋다.
- 귤정과는 효소를 담고 거른 후 껍질 부분에 효소를 넣고 졸여서 이용한다.

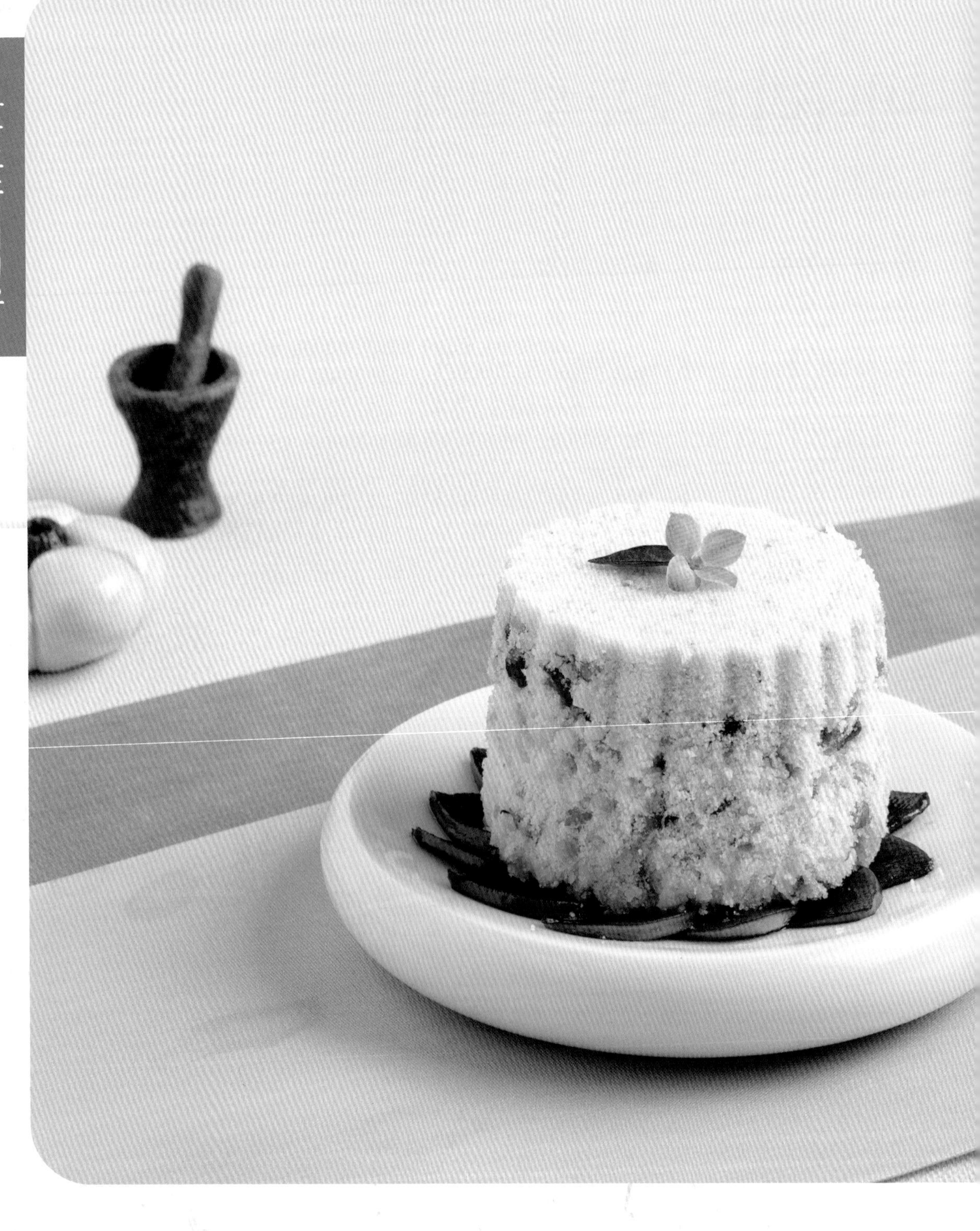

마늘효소떡케이크

재료 및 분량

- 멥쌀가루 400g

마늘조림
- 마늘 8개 · 버터 1큰술
- **마늘효소액 1큰술**

고명용
- 마늘 5개 · **비트 효소액 1큰술**
- 물 2큰술 · 우유 4큰술
- 버터 1큰술 · 호두 40g
- 잣 20g · 소금 1작은술
- 마늘가루 2큰술 · 호두 40g
- 잣 20g · **마늘효소액 3큰술**
- 꿀 2큰술

만드는 법

1 쌀은 깨끗이 씻어 8시간 정도 불려 물기를 뺀 후 가루로 빻는다.
2 조림용 마늘은 굵게 다지고 팬에 버터를 넣고 중불에서 노릇하게 볶다가 마늘효소 1큰술을 넣어 조금 더 졸인다. 고명용 마늘은 편으로 썰어 비트효소와 물을 넣고 살짝 졸인다.
3 우유를 따뜻하게 데워 버터를 넣어 녹이고 호두와 잣은 굵게 다진다.
4 쌀가루에 소금, 마늘가루, 버터 녹인 우유, 효소, 꿀을 넣어 고루 비벼 체에 내린 후 졸인 마늘과 호두, 잣을 넣고 고루 섞는다. 대나무찜기에 밑을 깔고 설탕을 뿌린 후 떡을 안쳐 김이 오르면 20분 찐 다음 식으면 마늘 고명을 올려 장식한다.

1 2 3 4

tip

- 떡을 찔 때 밑에 까는 면보에 설탕을 조금 뿌리면 떡이 잘 떨어진다.
- 고명용 마늘은 오래 졸이면 비트 색이 좋지 않다.
- 고명용 마늘 조림에는 비트 대신 색이 있는 다른 효소를 이용해도 좋다.

사과효소떡케이크

사과효소떡케이크

재료 및 분량

- 멥쌀가루 300g
- 율무가루 100g
- 소금 1작은술
- 우유 2큰술
- **사과효소액 4큰술**

고명용 밤

- 밤 3개 · **사과효소액 1큰술**
- 물 1큰술

고물

- 밤 7개

만드는 법

1 멥쌀은 깨끗이 씻어 8시간 정도 불려 물기를 뺀 후 가루로 빻는다. 멥쌀가루에 율무가루, 소금, 우유, 사과효소액을 넣고 고루 버무린 후 체에 내린 다음 쌀가루 1컵은 남긴다.

2 고명용 밤 3개는 껍질을 벗겨 0.5cm 크기로 썰어 효소액에 졸이고 고물용 밤은 삶아서 체에 내린다.

3 쌀가루에 고명용 밤을 넣고 고루 섞은 다음 대나무찜기에 넣고 위에는 남겨놓은 쌀가루를 얹고 편편하게 편다.

4 김이 오른 찜기에 대나무찜기를 넣고 김이 오르면 20분 정도 찐 다음 식으면 밤고물을 고루 뿌리고 졸인 밤으로 장식한다.

1 2 3 4

tip

- 대나무찜기에 쌀가루를 넣을 때 1컵을 남겨 재료가 보이지 않도록 위에 고루 올린다.
- 고물용 밤가루가 팬에 넣고 살짝 볶아 수분을 날려준다.
- 고물용 밤을 치자물에 삶아 색을 더 예쁘게 해도 좋다.

녹차효소현미영양떡

재료 및 분량

- 현미 찹쌀가루 600g
- 찹쌀가루 200g
- 서리태 100g
- 밤 10개 • 대추 10개
- 보이차가루 1큰술
- 소금 2작은술
- **녹차효소액 5큰술**
- 꿀 2큰술
- 삶은땅콩 70g • 잣 1큰술

만드는 법

1 현미와 찹쌀은 깨끗이 씻어 현미는 10시간, 찹쌀은 8시간 정도 불려 물기를 빼고 가루로 빻는다. 서리태는 8시간 정도 불려 물기를 뺀다.

2 밤은 껍질을 벗기고, 대추는 돌려 깎아 씨를 빼고 돌돌 만다.

3 준비한 찹쌀가루와 현미 찹쌀가루에 보이차 가루, 소금, 녹차 효소액, 꿀을 넣고 고루 비벼 체에 내린다.

4 준비한 찹쌀가루에 대추, 땅콩, 밤, 서리태, 잣을 넣고 고루 섞는다. 찜기에 젖은 면보를 깔고 찹쌀가루를 넣고 찜기에 김이 오르면 25분 정도 찐 다음 떡틀에 담아 굳으면 썬다.

1 2 3 4

tip

- 찰편 틀에 넣을 때 비닐을 깔고 식용유를 ⅛작은술 바른 후 떡을 넣고 밀봉하여 굳히면 붙지 않는다.
- 현미쌀 대신 흑미나 율무, 찰보리 등을 대신 사용할 수 있다.
- 보이차 대신 여러 가지 기능성 재료들을 넣을 수 있다.

복분자효소고구마단자

복분자효소고구마단자

재료 및 분량

- 찹쌀가루 500g
- 멥쌀가루 100g
- 고구마 100g
- 소금 1작은술
- **복분자효소액 3큰술**
- 물 4큰술

단자 소

- 고구마 100g
- 소금 ½작은술
- 유자청 건지 다진 것 1큰술
- 거칠게 다진 잣 1큰술

단자 고물

- 거피팥고물 2컵
- 소금 ½작은술
- 녹차가루 2작은술

만드는 법

1. 찹쌀과 멥쌀은 깨끗이 씻어 8시간 정도 불려 물기를 뺀 후 곱게 빻아 가루를 만든다. 고구마를 깨끗이 씻어 찜기에 10분 정도 찐다.
2. 찐 고구마를 체에 내려 2등분한다. 찐고구마의 ½양에는 단자소 재료를 넣고 고루 섞어 소를 만든다. 찹쌀가루와 멥쌀가루에 찐 고구마 1/2, 소금과 복분자효소액 넣고 잘 섞어 익반죽 한 다음 밤톨 만큼씩 떼어 단자소를 넣고 직경 3cm 정도의 크기의 단자를 만든다.
3. 거피팥고물에 소금과 녹차가루를 넣어 단자 고물을 만들어 팬에 볶아 보슬보슬하게 만든다.
4. 끓는 물에 단자를 삶아 냉수에 헹구어 물기를 빼고 단자고물을 묻힌다.

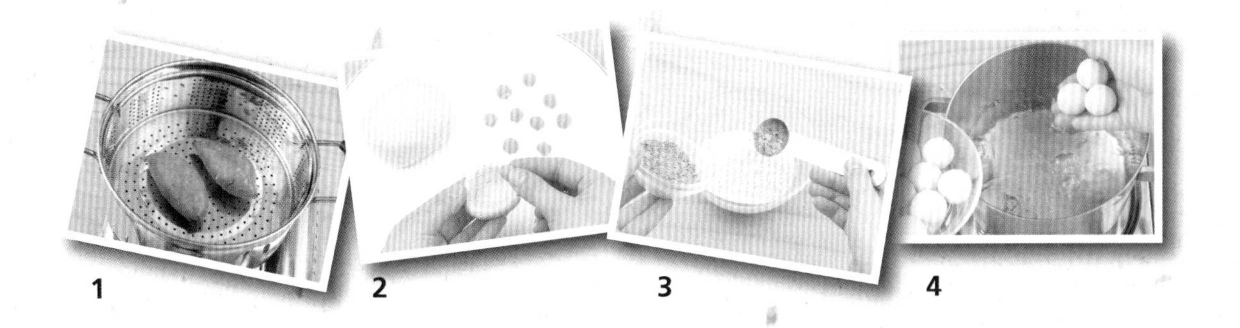

1 2 3 4

tip

- 끓는 물에서 나온 단자는 즉시 찬물에 냉각해야 쫄깃하다.
- 찬물에 냉각한 단자의 물기를 제거를 해야 고물이 눅눅해지지 않는다.
- 녹차고물은 약한 불의 마른 팬에 볶아 수분을 날리면 더 고슬고슬하다.
- 찐 고구마에 수분이 많으면 반죽에 물을 가감하여 조절한다.

복분자효소삼색찰편

재료 및 분량

- 찹쌀가루 600g
- 멥쌀가루 200g
- 소금 3/4큰술
- 물 2큰술 • 설탕 6큰술
- 뽕잎가루 1큰술
- 계피가루 1작은술
- **복분자효소액 2큰술**

만드는 법

1 찹쌀과 멥쌀은 깨끗이 씻어 8시간 정도 불려 물기를 빼고 가루로 빻는다.

2 찹쌀과 멥쌀은 고루 섞어 3등분하여 각각의 가루에 색을 들여 소금과 물을 넣고 잘 섞어 체에 내린 다음 설탕을 각각 섞는다.

3 찜기에 젖은 면보자기를 깔고 뽕잎떡가루와 계피떡가루, 복분자효소액 떡가루를 각각 앉히고 김이 오르고 20분 정도 찐 다음, 각각 꽈리가 나도록 치댄 후 틀에 차례차례 넣고 굳혀 썬다.

4 썰어 놓은 떡을 잘 포장한다.

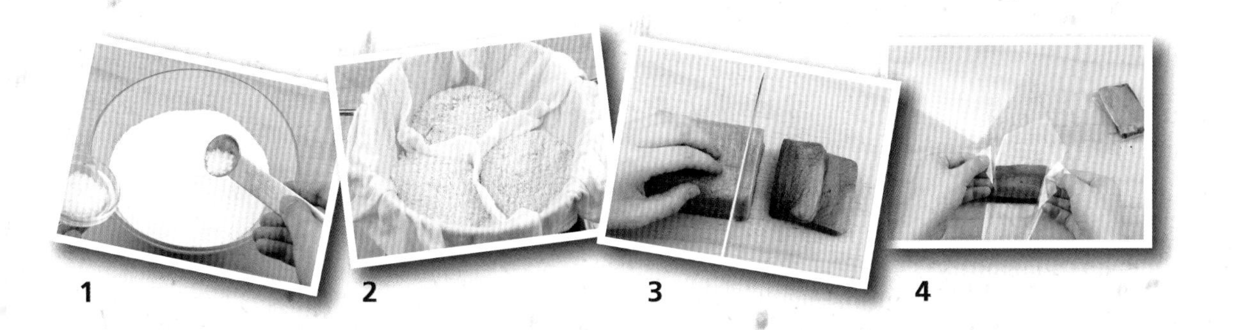

1 2 3 4

tip

- 찹쌀은 충분히 불린다.
- 냉동실에 보관하여 오래 두고 먹을 때는 찹쌀로만 한다.
- 3색을 각각 서로 붙지 않도록 쪄야 한다.

다식

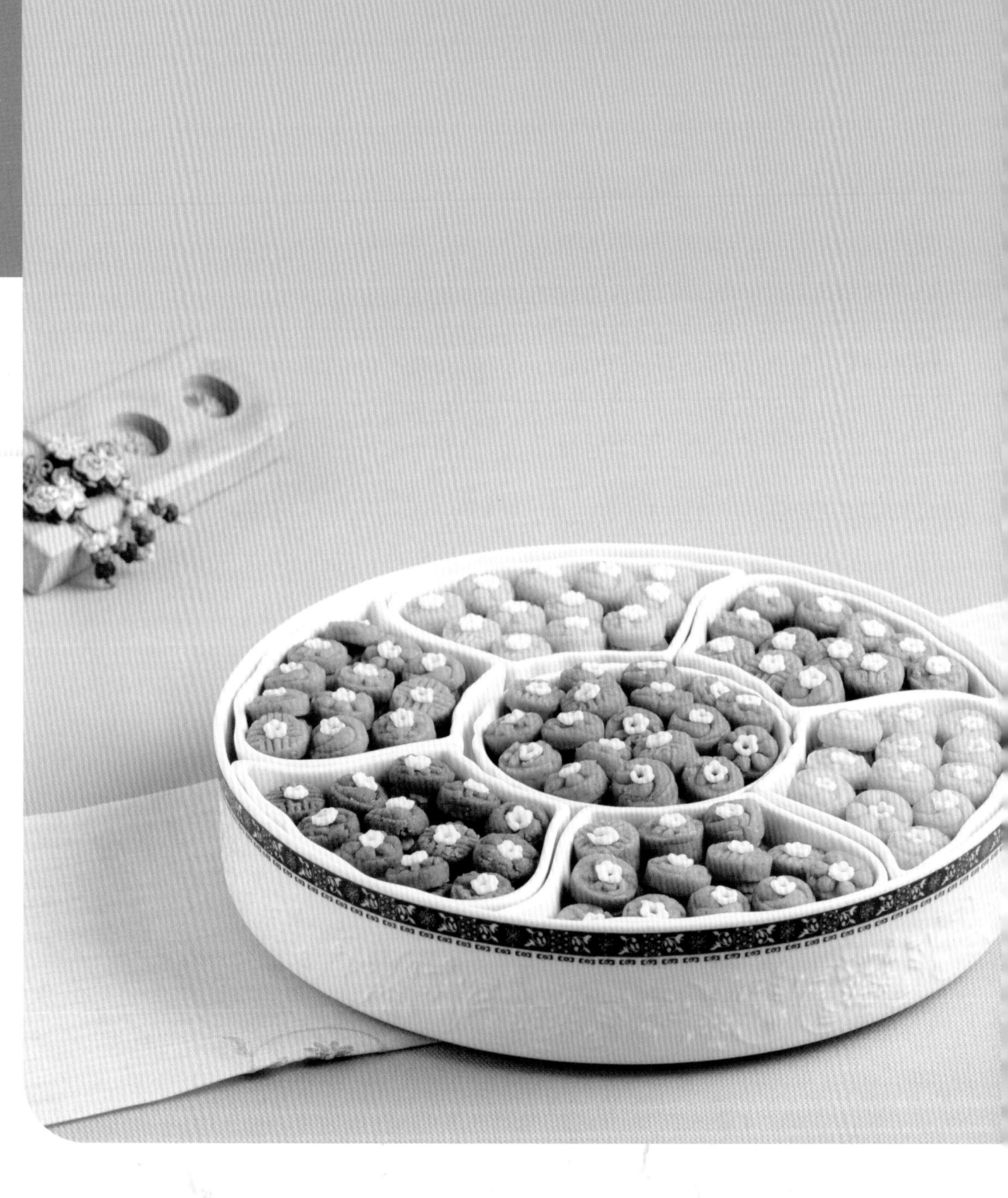

녹차진말다식

재료 및 분량

• 밀가루 100g • 녹차가루 $\frac{1}{3}$작은 술 • 소금 $\frac{1}{8}$작은술
시럽 • **녹차효소액 5큰술** • 꿀 1큰술

만드는 법

1 팬을 달구어 중불에서 밀가루가 고소한 냄새가 날 때까지 볶아 식힌다.
2 볶아 식힌 밀가루에 녹차가루와 소금을 넣어 고루 섞는다.
3 준비한 다식가루에 녹차효소액과 꿀을 넣어 반죽한다.
4 다식 틀에 식용유를 바르고 다식 반죽을 넣어 박아낸다.

무효소메밀다식

재료 및 분량

• 메밀가루 100g • 계피가루 $\frac{1}{3}$작은술 • 소금 $\frac{1}{8}$작은술
시럽 • **무효소액 5큰술** • 꿀 1큰술

만드는 법

1 팬을 달구어 중불에서 메밀가루를 볶은 후 계피가루와 소금을 섞는다.
2 무효소액과 꿀을 넣어 반죽하여 다식 틀에 식용유를 바르고 박는다.

마효소다식

재료 및 분량

• 마가루 100g • 백년초가루 $\frac{1}{3}$작은술 • 소금 $\frac{1}{8}$작은술
시럽 • 꿀 1큰술 • **마효소액 5큰술**

만드는 법

1 마가루와 백년초가루, 소금을 잘 섞는다.
2 마효소액과 꿀을 넣어 반죽한다.
3 다식 틀에 식용유를 바르고 다식반죽을 넣어 박아낸다.
4 그릇에 담는다.

둥굴레효소정과

재료 및 분량

- 둥굴레 1kg • 물 10컵
- 소금 $\frac{1}{3}$작은술
- **둥굴레효소액 3컵**
- 물엿 2컵

만드는 법

1 둥굴레를 깨끗이 씻어 물기를 제거한 후 어슷하게 썬다.
2 둥굴레를 끓는 물에 소금을 넣고 데친다.
3 냄비에 둥굴레 효소 발효액과 물엿을 넣어 끓으면 어슷썬 둥굴레를 넣어 낮은 불에서 3~4시간 정도 투명하게 졸인다.
4 둥굴레가 투명하게 졸여지면 채반에 꾸덕하게 2~3일 말린다.

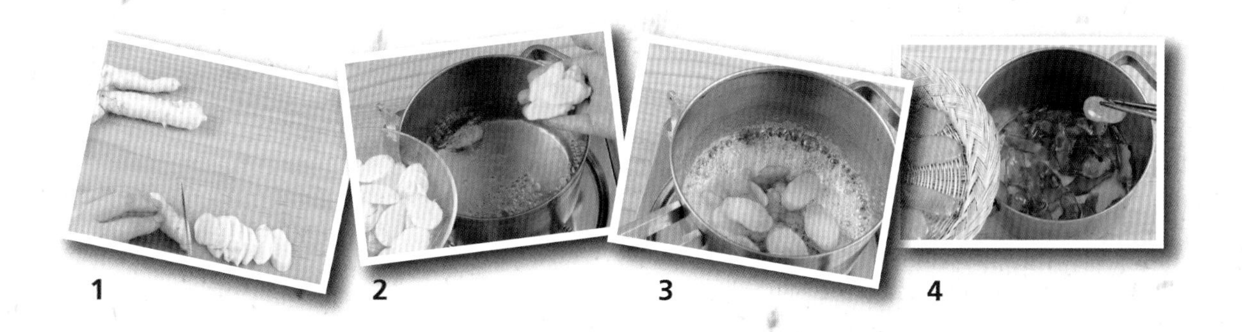
1 2 3 4

tip

• 둥굴레를 삶을 때 뭉그러지지 않게 한다.
• 투명해지면 꺼내어 말리면서 수분을 제거하면 쫀득함을 즐길 수 있다.
• 구절판 안주나 차와 함께 먹는 다과로도 좋다.

귤효소정과

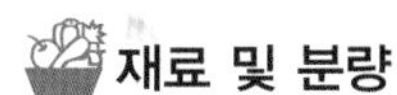

재료 및 분량

- 귤 20개
- 설탕 1kg
- **귤효소액 2컵**
- 물엿 1컵

만드는 법

1 귤은 깨끗이 씻어 물기를 제거한 후 4등분하여 설탕과 잘 혼합하여 효소를 담근다.

2 자주 저어 설탕을 충분히 녹이고 2~3개월 발효가 끝나면 걸러 살과 껍질을 분리한다.

3 냄비에 분리된 껍질과 효소 발효액을 넣고 윤기 나고 투명할 때 까지 졸인다.

4 졸여진 껍질을 채반에 담아 2~3일 정도 꾸덕하게 말린다.

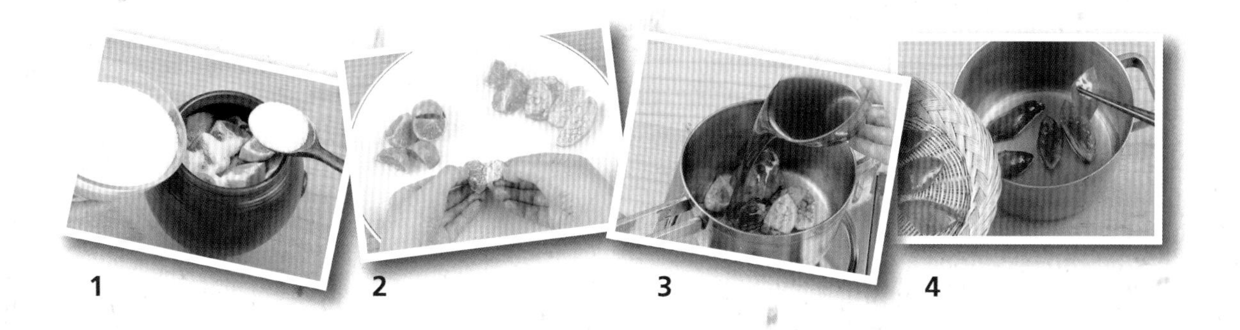

tip

- 귤은 너무 크지 않는 것으로 준비한다.
- 효소 건지는 속을 잘 분리하여 껍질이 찢어지지 않도록 한다.
- 떡이나 샐러드 등 고명으로 쓰면 향이 좋다.
- 물엿 대신 꿀을 사용해도 좋다.

매실효소사과주스

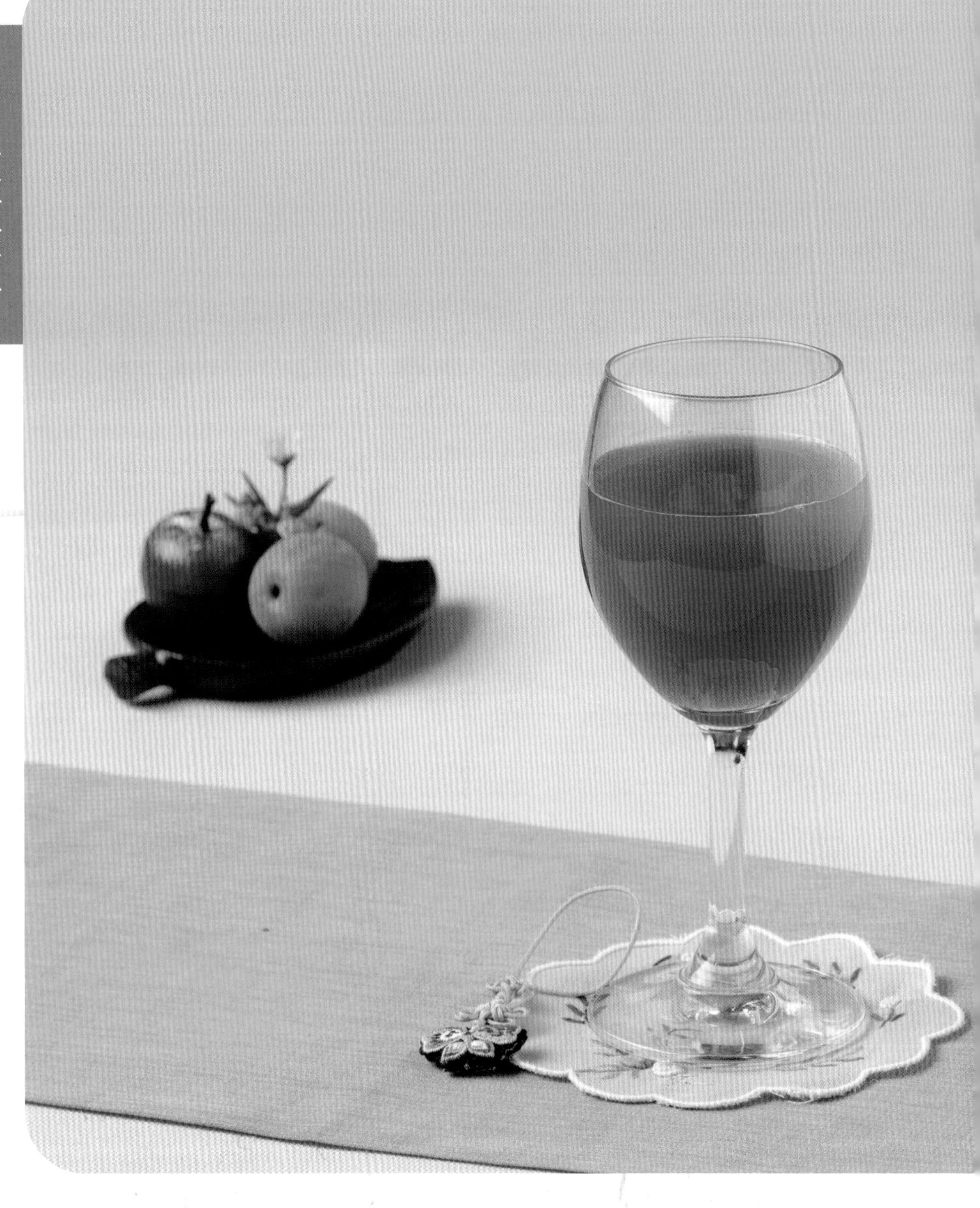

매실효소사과주스

재료 및 분량

- 사과 2개 • 양배추 100g
- 생수 1컵
- **매실효소액 8큰술**
- **사과효소액 2큰술**

만드는 법

1. 양배추와 사과를 깨끗이 씻어 물기를 없앤 후 잘게 자른다.
2. 잘 발효된 매실효소와 사과효소에 생수를 넣는다.
3. 믹서에 사과와 양배추를 넣고 생수를 부어 곱게 간 다음 면보에 싸서 즙을 짠다.
4. 각각의 재료가 섞이도록 젓는다.

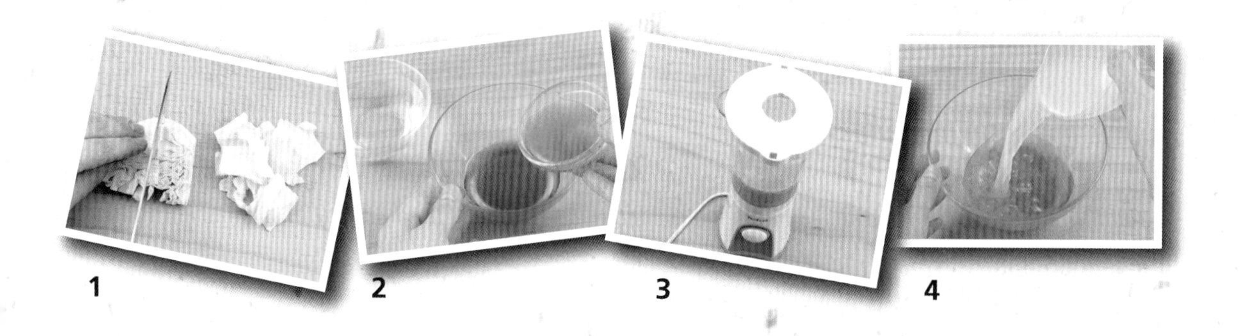

1 2 3 4

tip

• 양배추에 함유된 비타민 K와 U는 위에 염증과 지혈효과에 좋다.
• 매실효소액과 사과효소액을 함께 먹으면 부드럽고 감칠맛을 준다.
• 만들어서 바로 마시는 것이 좋다.

산야초효소차

재료 및 분량

- 산야초효소액 1컵
- 감식초 3큰술
- 생수 400㎖

만드는 법

1 잘 발효 숙성된 산야초효소액과 감식초를 준비한다.
2 산야초효소액과 감식초에 미네랄이 풍부하고 질 좋은 생수를 넣는다.
3 산약초효소액과 감식초, 생수가 섞여지도록 잘 젓는다.
4 잘 섞어진 차를 잔에 담아낸다.

1 2 3 4

tip

- 기를 보충하는데 도움이 되며 항암효과에 좋다.
- 각각의 향이 강하므로 재료의 혼합에 유의한다.
- 향이 강한 것은 양을 적게, 향이 부드러운 것은 양을 늘릴 수 있다.

기혈순환효소음료

재료 및 분량

- 포도효소액 4큰술
- 산야초효소액 8큰술
- 쑥효소액 4큰술
- 미나리효소액 4큰술
- 생수 400㎖

만드는 법

1 잘 발효된 각각의 효소를 준비한다.
2 효소에 미네랄이 풍부하고 질 좋은 생수를 붓는다.
3 효소와 생수가 섞이도록 잘 젓는다.
4 잘 섞여진 음료를 컵에 따른다.

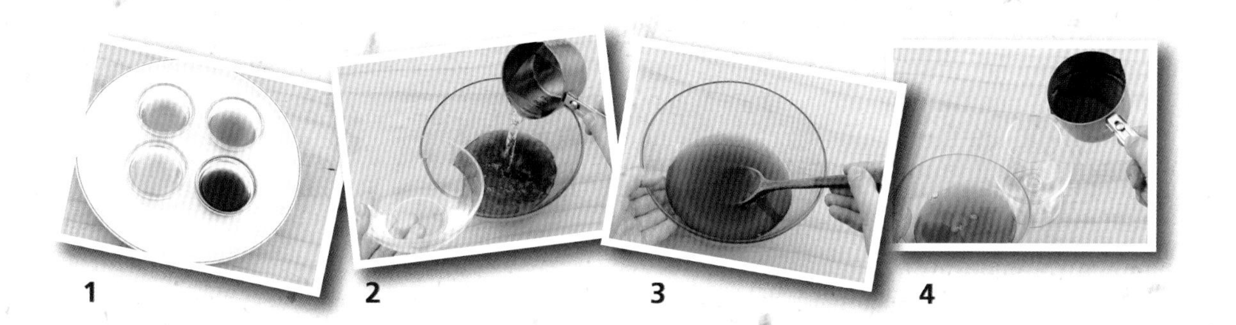

tip

- 포도효소는 보혈, 보기작용을 하며, 산나물 효소는 보기작용, 쑥효소는 온열작용, 미나리효소는 해독작용을 한다.
- 체내에 쌓여있는 노폐물을 배출하며 에너지 축적에 도움이 된다.
- 기와 혈을 보충하는데 도움이 된다.

원기회복효소음료

재료 및 분량

- 복분자효소액 4큰술
- 포도효소액 8큰술
- 매실효소액 4큰술
- 참다래효소액 4큰술
- 생수 400㎖

만드는 법

1 잘 발효된 각각의 효소를 준비한다.
2 각각의 효소를 혼합한다.
3 미네랄이 풍부하고 질 좋은 생수를 붓는다.
4 각각의 효소와 생수가 섞이도록 잘 젓는다.

1 2 3 4

tip

- 효소를 함께 혼합하여 2차 숙성 후 먹으면 원기회복에 좋다.
- 기호에 따라 먹기 좋은 상태의 생수를 희석한다.
- 상태에 따라 원액을 마실 수도 있다.

해독효소음료

재료 및 분량

- 미나리효소액 8큰술
- 매실효소액 8큰술
- 생수 400㎖

만드는 법

1. 잘 발효된 각각의 효소를 준비한다.
2. 미네랄이 풍부하고 질 좋은 생수를 효소에 넣는다.
3. 미나리효소액과 매실효소액에 생수를 넣고 섞여지도록 젓는다.
4. 잘 섞어진 음료를 컵에 따른다.

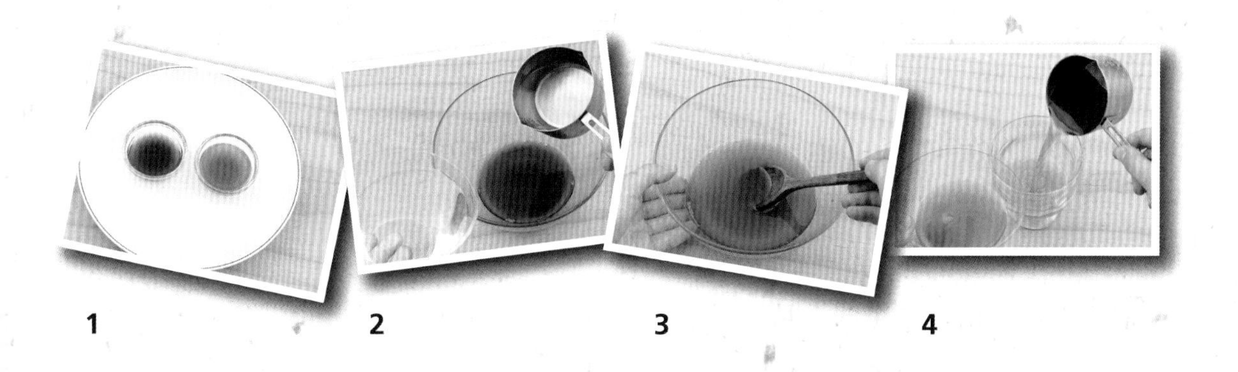

1 2 3 4

tip

- 미나리 효소와 천연 항생제인 매실을 혼합하여 음용하면 해독에 도움이 된다.
- 저항력이 떨어지고 세균감염이나 약의 부작용의 해독에도 도움이 된다.
- 기호에 따라 생수의 양을 조절한다.

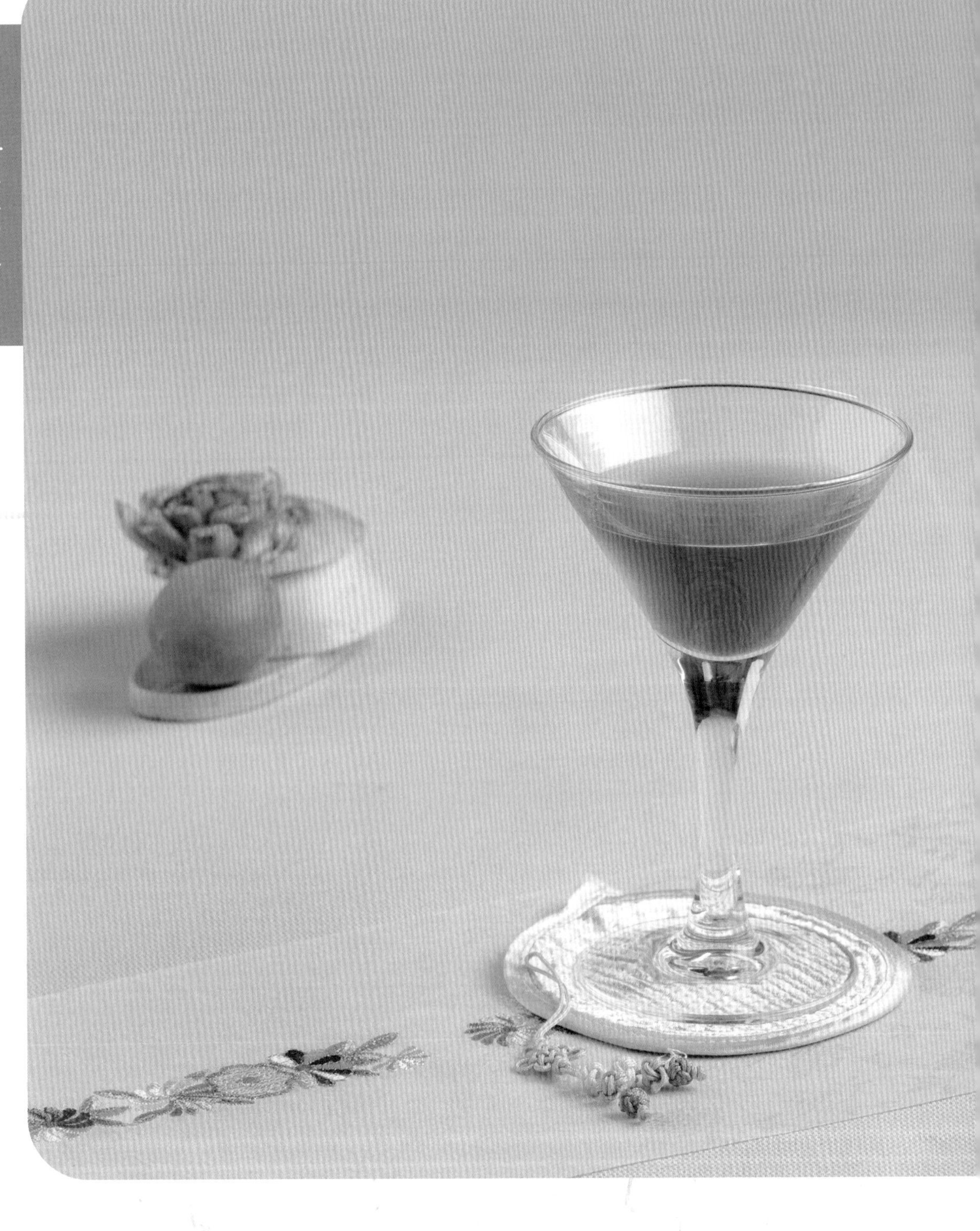

소화효소음료

재료 및 분량

- 포도효소액 4큰술
- 산야초효소액 4큰술
- 매실효소액 4큰술
- 무효소효소액 4큰술
- 생수 400㎖

만드는 법

1 잘 발효된 각각의 효소를 준비 한다.
2 미네랄이 풍부하고 질 좋은 생수를 준비한 효소에 넣는다.
3 효소와 생수가 섞이도록 잘 젓는다.
4 잘 섞여진 음료를 컵에 따른다.

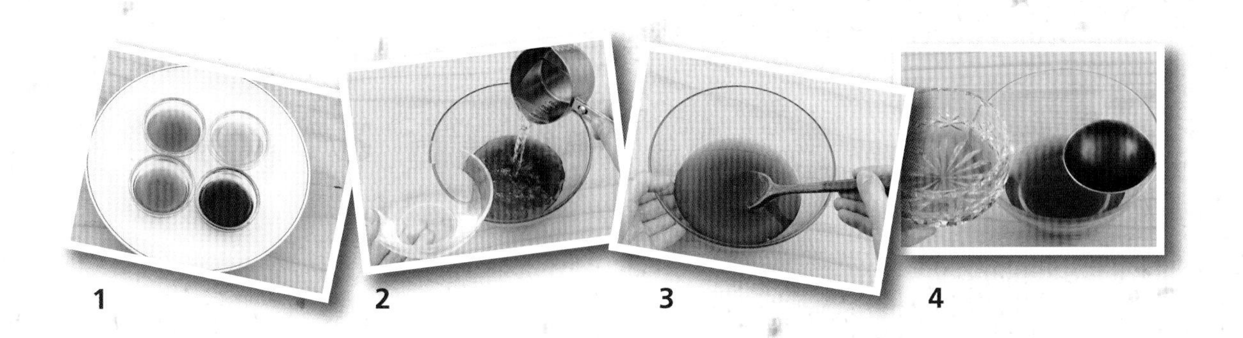

1 2 3 4

tip

- 혼합해서 오래 두면 맛과 향이 약해진다.
- 기호에 따라 먹기 좋게 물을 희석할 수 있다.
- 소화기능이 약해졌을 때 도움이 된다.
- 상태에 따라 희석하지 않은 원액을 먹을 수도 있다.

매실효소요구르트

재료 및 분량

- 절임 매실 20g
- 우유 400㎖
- **매실효소액 300㎖**

만드는 법

1 절임 매실을 다진다.
2 우유에 매실 건지를 넣는다.
3 우유에 매실 효소액을 넣는다.
4 재료를 잘 혼합하면 매실의 산이 작용하여 농도가 생기는 요거트가 된다.

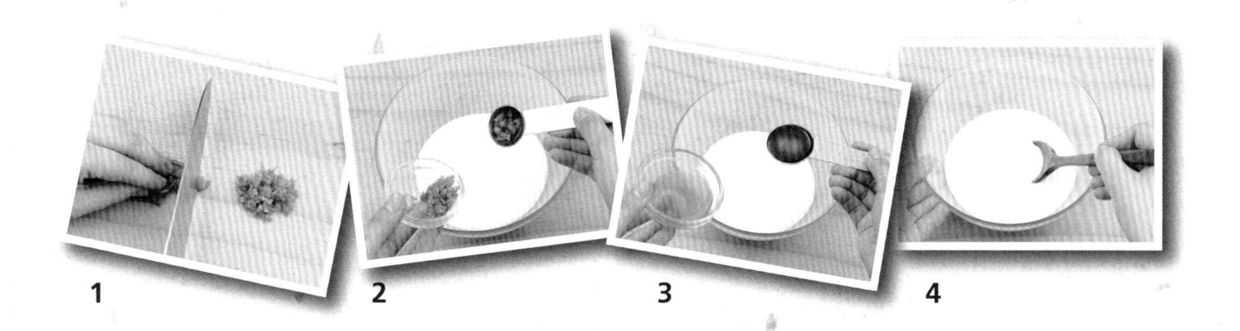

tip

- 만들어서 시간이 지나면 삭아 농도가 묽어지므로 바로 먹어야 한다.
- 절임 매실을 곱게 다진다.
- 가정에서 만든 요거트를 우유 대신 활용하면 더욱 맛을 즐길 수 있다.

복숭아효소주스

재료 및 분량

- 복숭아 2개
- **복숭아효소액 10큰술**
- 우유 200㎖
- 사과식초 4큰술

만드는 법

1. 복숭아는 깨끗이 씻어 껍질을 벗긴다.
2. 복숭아를 잘게 썰어 놓는다.
3. 믹서에 복숭아와 우유를 넣고 간다.
4. 갈아 놓은 우유에 효소액과 사과식초를 넣고 잘 섞어낸다.

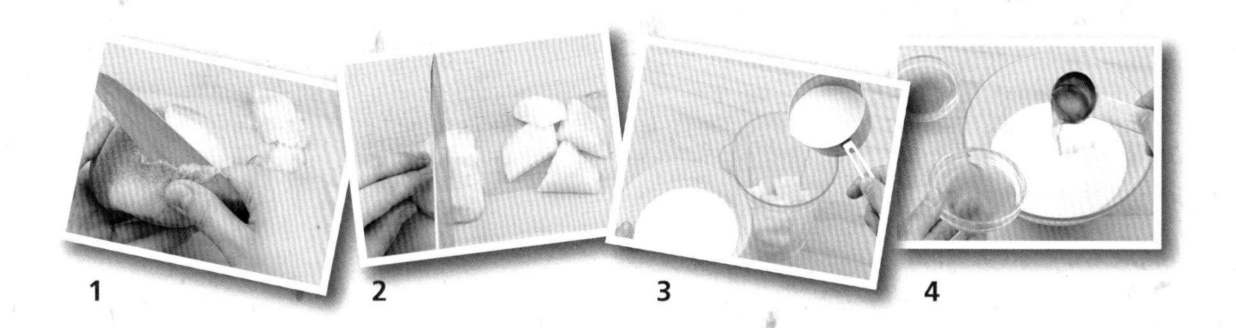

tip

- 복숭아 통조림을 이용해도 좋다.
- 복숭아를 곱게 갈아야 목 넘김이 좋다.
- 기호에 따라 효소와 식초의 양을 가감할 수 있다.

효소감쉐이크

효소감쉐이크

재료 및 분량

- 연시 400g
- 당근 100g
- 사과 ½개 · 레몬 ½개
- **사과효소액 6큰술**
- **매실효소액 6큰술**

만드는 법

1 연시는 깨끗한 행주로 닦아 꼭지를 뗀다.
2 당근은 깨끗이 씻어 큼직하게 자른다.
3 사과는 껍질째 깨끗이 씻어 큼직큼직하게 자르고, 레몬은 즙을 짠다.
4 믹서에 준비된 재료와 효소를 넣고 곱게 갈아서 담아낸다.

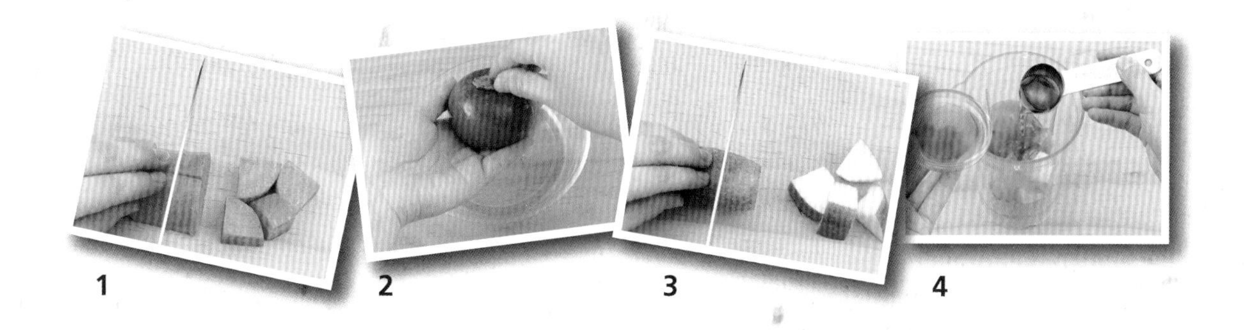

1 2 3 4

tip

- 당근과 감에는 비타민이 풍부하여 피로에도 효과가 있다.
- 식이섬유도 풍부하여 비타민과 식이섬유의 작용으로 간을 보호하는 효과가 있다.
- 당근주스에 사과를 함께 넣으면 면역력 증가와 함께 눈의 피로도 줄일 수 있다.

찾아보기

아

차

파

하

참고문헌

신현재	효소와 건강(엔자임), 이채, 2005
신현재	춤추는 효소, 이채, 2010
에드워드하웰	효소 영양학개론, 한림출판, 2003
최양수	산야초로 만드는 효소 발효액(1~3권), 하남출판사, 2005
이갑상	효소학, 대학서림, 2007
윤주현 외 1인	발효공학, 효일출판, 2008
양승	도호식료본초학, 씨제이씨, 2009
박국문	효소음료 건강법, 태웅출판사, 2007
박국문	생로병사는 효소에 달려 있다(1~2권), 태웅출판사, 2010
윤숙자 외 1인	몸에 약이 되는 약선음식, 질시루
이영순	고급 영양학, 광문각
권상용	생화학, 광문각
최진규	약이 되는 우리풀, 꽃, 나무, 한문화, 2001
장판식	식품효소공학, 수학사, 2010
이상빈 외	발효식품학, 효일출판, 2004
금종화 외	식품 미생물학, 효일출판, 2004
농촌진흥청	식품성분표, 농촌생활연구소, 2001
월간푸른 친구들	푸른 친구들, 2010, 9월호
월간푸른 친구들	푸른 친구들, 2011, 11월호
월간외식경영	우리 몸속의 숨은 일꾼, 효소, 2011, 2월호

저자 소개

윤숙자 소장
사)한국전통음식연구소

- (사)한국전통음식연구소장
- (사)대한민국 전통음식총연합회 회장
- 떡 박물관 관장
- 대한민국 명장(조리부문) 심사위원
- 한국 전통식품 명인 심사위원(농·식품부)

약 력

- 숙명여자대학교 대학원 식품영양학과 석사
- 단국대학교 대학원 식품영양학과 박사
- 배화여자대학 전통조리학과 교수 역임
- 전국대학조리학과 교수협의회 회장 역임
- 2007 뉴욕 UN본부 한국음식 페스티벌 주최
- 2007 남북정상회담 만찬 자문위원(북한방문)
- 2007~2012 국경일 한식축제 만찬 운영
  (일본, 중국, 태국, 베트남, 프랑스, 영국, 아르헨티나, 헝가리, 사우디아라비아, 이란, 이스라엘)
- 2007 한국농식품수출 기여공로 대통령 훈장『철탑산업훈장』수상
- 2008 한국 농·식품 홍보대사
- 2006~2008 한국음식조리법 표준화 연구개발사업
- 2007~2010 국외 한식당의 문화적 고품격화 사업(중국, 일본, 홍콩, 베트남, 미국 LA·뉴욕)
- 2009~2011 영국런던템즈페스티발 축제운영
- 2010~2011 한식 StarChef 양성교육
- 2011 해외 7개도시 한식요리강사 업그레이드 교육
- 2010~2012 해외 한식당 종사자 교육(미국 LA, 뉴욕, 영국, 동경, 파리, 연변, 인도네시아)

주요 저서

- 『규합총서(閨閤叢書)』,『증보산림경제(增補山林經濟)』,『수운잡방(需雲雜方)』,『요록(要錄)』,
  『조선요리제법』,『식료찬요(食療纂要)』의 고조리서 재현
- 『한국전통음식 우리맛』,『한국의 시절음식』,『한국의 저장·발효음식』,『한국의 떡·한과·음청류』,
  『몸에 약이 되는 약선음식』,『아름다운 한국음식 100선·300선』,『아름다운 우리차』 외 다수

김선임 원장
전통식문화연구소

- 대원대학교 겸임교수
- (사)한국예절문화원 식문화 전임교수
- (사)한국전통음식연구소 강사
- 국제요리 경연대회 차부문 심사위원
- (사)초의학술문화원 차음식 강사 및 이사

약 력
- 세종대학교 대학원 조리외식경영학과 석사
- 세종대학교 대학원 조리외식경영학과 박사
- 세종대학교 조리외식 경영학과 강사
- 한림대학교 식품영양학과 강사
- 대덕대학교 호텔 외식과 강사
- 대전 평생교육센터 강사 심사위원
- 전국 농업기술센터 강사
- 세계음식박람회 “궁중의 면상”, “반가음식”, “전통차 부분” 3회 금상
- KBS1 “무엇이든 물어보세요” 다수 출연
- KBS2 “행복충전 백세인” SBS “행복한 밥상” 등 다수 출연
- (사)초의학술문화원 차음식 연구발표 및 전시 4회 연속(150여 가지)

주요 저서
- “약이 되는 차음식”

연구 논문
- 녹차 첨가가 청국장의 품질개선에 미치는 영향
- 감마선 조사된 고축가루 첨가 무생채의 저장 중 품질변화
- 녹차 추출물 첨가 돈육의 품질특성
- 녹차 가루를 첨가한 양갱의 품질특성

건강 100세를 위한 효소음식

2013년 5월 15일 초판 1쇄 발행
2014년 1월 20일 초판 3쇄 발행

지은이 | 윤숙자 · 김선임
펴낸이 | 진욱상
펴낸곳 | 백산출판사
등록 | 1974. 1. 9. 제1-72호
주소 | 서울시 성북구 정릉 3동 653-40
전화 | 02)914-1621, 02)917-6240
팩스 | 02)912-4438

http://www.ibaeksan.kr
editbsp@naver.com

ISBN 978-89-6183-651-7

값 28,000원